植物的逆襲

The Plant Paradox

The Hidden Dangers in "Healthy" Foods That Cause Disease and Weight Gain

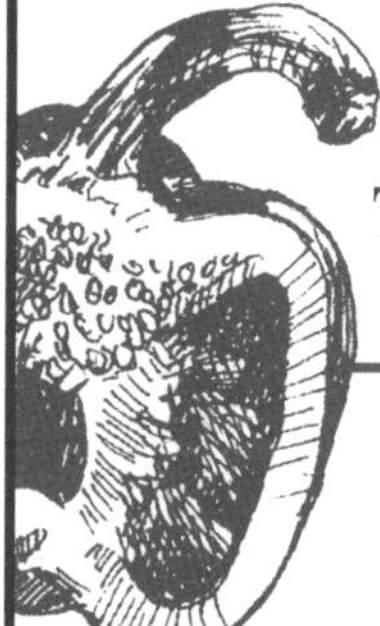

史提芬・岡德里醫學博士
Steven R. Gundry, MD◎著

Chapter 2

失控的凝集素 42

Chapter 3

吃錯了，消化道就慘了！ 86

Chapter 4 七大致命的干擾物質 106

Chapter 5 現代飲食如何讓你變胖又生病 140

第二篇 非常蔬果飲食法

Chapter 9

第三階段　成果收穫期 228

Chapter 10

非常蔬果生酮飲食法 242

Chapter 11

你需要的營養補充品 264

第三篇 非常蔬果飲食法菜單

Chapter 12

非常蔬果飲食示範計畫 274

Chapter 13

不健康不是你的錯

假設，接下來的幾頁，我將講述：所有你曾對於飲食、健康和體重所認知的事實都是錯的，你會相信嗎？

過去幾十年來，我自己也相信這些謊言：吃的是「健康的飲食」；幾乎不吃速食，多攝取低脂乳製品和全穀物；每個星期跑五十公里，而且每天上健身房練身體。我很費力地想要甩掉多餘體重，和高血壓、偏頭痛、關節炎、高膽固醇、胰島素阻抗等毛病，並且一直相信自己沒有做錯。然而，腦海裡一直有一個聲音在不斷地重複問道：「如果所有事情都做對了，為什麼這些事情還會發生在我身上？」

過重（或明顯過輕）是一個嚴重的問題，但是，也許你最擔心的是食物不耐症和成癮、消化道問題、頭痛、腦霧（brain fog）、沒有活力、關節疼痛、晨僵（morning stiffness）、成人痘，或是其他各種無法擺脫的狀況。

也或許，你罹患了一個或多個自體免疫疾病，或是得到第一型、第二型糖尿病、代謝症候群、甲狀腺問題或其他荷爾蒙毛病，更可能有氣喘或過敏。也可能因為健康很差或是體重過重，多少感覺到自己不對勁，在原本沉重的壓力上又多了罪惡感。如果下面這句話可以有安慰效果，我想說，你並不是唯一有這些狀況的人。

準備好，你的人生即將改變。歡迎閱讀《植物的逆襲》。

首先，請跟我說一遍：「錯不在我。」是的，這些健康問題不是你的錯。

我有辦法解決那些讓人苦惱的現狀，但是這本書中，所有你曾認知關於健康生活的假設，都將被挑戰，那些根深蒂固的迷思將被驅除，並且介紹一些可能讓人感到非常驚訝的概念。我即將分享的這些祕密，將讓你明白，到底是什麼東西讓人生病、感到疲倦、沒有活力、過重（或過輕）、腦袋不清楚或者身體疼痛。而且，只要發現並移除這些障礙之後，你的生命將會改變。

從一九六〇年代開始，我們就看到第一型和第二型糖尿病、自體免疫疾病、氣喘和過敏、鼻竇炎、關節炎、癌症、心臟疾病、骨質疏鬆、帕金森病和失智症等病症大量出現。與此同時，我們的飲食和所使用的照護產品也發生了難以覺察的變化。為什麼在短短幾十年間，人們的健康變得這麼差、全體的體重增加這麼多，我發現一個顯著的因素——一種叫做「凝集素（lectin）」的植物性蛋白質。

你可能從來沒有聽過凝集素，但絕對很熟悉麩質，它就是數以千計的凝集素之一。幾乎所有植物裡都有凝集素，有一些其他的食物中也有。而實際上，在現代人們的飲食中大部分的食物裡都含有此成分。這些食物包括：肉、雞肉和魚。凝集素在植物和動物的戰爭中，主要負責夷平戰場。怎麼說呢？早在人類在陸地行走之前，植物就透過在種子和其他部位產生毒素的方式，以保護自己和子孫不被飢餓的昆蟲吞食。

結果發現，那些可以殺死昆蟲或讓昆蟲身體不能動的植物毒素，也能無聲無息地毀壞人類的健康，並且在不知不覺中影響體重。這本書命名為《植物的逆襲》的原因，就在於雖然許多植物性食物對人體很好（事實上也曾是我自己飲食計畫中的基礎），但是有**很多被視為「健康食物」的植物，實際上卻是造成人們生病和體重過重的罪魁禍首**。

沒錯，大部分植物其實都想要讓你生病。

另一個似是而非的說法是：某些植物吃一點點有益健康，但大量吃就反而有害。關於這一點，之後將更深入探究。

好幾千年前，人們選擇了第一個錯誤的叉路，在此之後的每一次，也幾乎都選擇了錯誤的路徑。這本書將提供一份讓你回到正軌的地圖，就從去除以特定食物為主要營養來源的依賴開始吧！

先介紹一下我的背景。我是醫生，有擔任外科手術和小兒科心血管手術十六年的經驗，同時也是羅馬林達大學醫學院的心胸手術科主任。我在醫院中看到數以千計罹患各種疾病的患者，包括：心血管疾病、癌症、自體免疫疾病、糖尿病和肥胖。然後，在同事的震驚中，我離開了羅馬林達。

為什麼我要離開一個這麼尊榮的醫學中心的重要職位呢？原因是當我讓自己恢復健康，並且從肥胖變為苗條之後，心中有個東西改變了：我明白自己可以透過飲食、而不是手術來反轉心臟病。

為了這個目的，我在加州的棕櫚泉和聖塔巴巴拉設立了國際心肺研究院，這個研究院裡面還包括了康復醫學中心。在我所出版的第一本書：《岡德里醫生的飲食革命：關掉那些殺死你和你的腰圍的基因／Dr. Gundry's Diet Evolutions：Turn Off the Genes That Are Killing You and Your Waistline》中，詳細說明在採用自創的飲食計畫之後，我的心臟、糖尿病、肥胖和其他病患所經歷的改變。這個結果使敝人行醫生涯產生革命性的變化，也改變許多讀者的身體狀況，亦為促使我寫這本書的踏腳石。

這並非初試啼聲。我在耶魯大學的畢業論文，就是描述「在不同季節之間，可取得的食物如何促使人猿演化成為現代人類」。身為心臟外科醫生、心血管疾病醫生和免疫學家，我整個職業生涯都在探索，免疫系統如何決定誰是朋友、誰是敵人的決策依據。這些豐富的經驗使我有機會透過這本書，為大家找出解決健康和體重問題的方法。

在我逐漸蛻變成為一個「健康偵探」的過程中，發現許多使用我所設計飲食法的病患，其冠狀動脈疾病、高血壓或糖尿病（或是同時罹患二到三種疾病）等症狀都獲得改善，而且關節炎、胃灼熱、心理狀態及長期便祕問題也都得以緩解。

經過研究每一個病患的狀況，以及相關的食物測試，發現了幾種特定的驚人模式，促使我開始修改原本的飲食計畫。

雖然這些結果很有意義，但是，只看到病患身上這些巨大的改變，對我而言，還不夠。我必須知道是「什麼」和「為什麼」。是什麼東西更動了，使得他們生病和過重？在提供給所有病患的「好的」和「不好的」食物名單中，又有哪些品項修復了他們的健康？又或者，有哪些被刪除的食物本身就是問題？還有，除了飲食的改變之外，是不是還有其他改變也有關係？

經過嚴謹檢視這些病患病史、生理狀態、實驗室檢測以及血管彈性的檢測後，我深信他們絕大部分其實都在跟自己打仗，其原因在於，那些介入身體自行療癒的常見「干擾物質」。這些干擾物質包含：動物進食方式的改變；某些我們認為健康的食物，例如：全穀物、扁豆和其他豆類；各種化學物質，包括日日春（Roundup）這樣的除草劑，以及廣效抗生素（broad-spectrum antibiotics）的使用。最重要的是，我發現制酸劑❶（Antacid）已經大幅改變人類的腸道環境。

如名稱所示，「**非常蔬果飲食法**（**Plant Paradox Program**）」包含多種豐富的蔬菜、數量有限的高品質蛋白質、當季水果、堅果，以及特定的乳製品和油脂。而我所排除的食物也同樣重要，至少在初期很重要。簡單解釋，就是穀物、用穀物所做成的粉類、仿穀物❷（pseudo-grain）、扁豆和有莢的豆類（**包括所有黃豆製品**）、那些稱為蔬菜的水果（**比如蕃茄、彩椒……等類種**）和精緻油脂。

說到這裡，你可能會想要盡快開始進行非常蔬果飲食法，但我發現在患者中，那些可以瞭解其不良健康背後根本原因的人，比較能成功治療自己。所以，在進入「解決辦法」之前，我先用第一篇來說明，那些讓人們感到震驚，卻有趣的疾病根源的故事；以及它們如何在過去好幾十年間，影響絕大部分的人。

進入第二篇時，你將學會如何用「為期三天的淨化」來開始這個計畫。然後，你將知曉如何修復已經受損的腸道，並餵食腸道微生物存活所需的食物。這些食物包括「抗性澱粉（resistant starch）」，它可以幫助你輕鬆地覺得飽足，並且擺脫掉不想要的公斤數和公分數。等到健康穩定了，就可以進入非常蔬果飲食法的第三階段，它將成為邁向健康長壽的藍圖。這個計畫包括調整過的修正版斷食，好讓人體的腸道可以從消化的重責壓力中有個小小的休假；同時，它也可以讓你的大腦和細胞中負責製造活力的粒腺體（mitochondria）有機會享受得到應得的休息。

若本身有嚴重的健康需要，請參考〈非常蔬果生酮飲食法〉這一章。在第三篇中，我將提供關於「非常蔬果飲食法」三個階段的飲食計畫和簡單卻美味可口的食譜。它們將會讓你忘記那些曾經讓人們臃腫、生病和疼痛的問題食物。

雖然調整飲食習慣是這個計畫中非常重要的元素，但是我也建議可做其他的改變，例如刪除特定的成藥和照護產品。只要徹底遵行這個計畫，我可保證，大部分的健康問題都可以排除、達到健康的體重、恢復活力，並且讓心情變好。一旦開始體驗這個新的飲食和生活的方式，你

❶ antacid：阿斯匹靈和其他非類固醇抗發炎藥物（anti-inflammatory drugs／NSAIDs）

❷ pseudo-grain：有穀物口感，但不是穀物的食物，例如：蕎麥、莧菜子和藜麥。

將明白，當餵食身體存活所需的正確食物之後，所發生的改變有多麼驚人。另一個好處就是，人體將自動自發地，去除那些妨礙健康的食品成分和副作用。

翻到下一頁吧，這樣我才可以開始分享這個改變生命的珍貴經驗。

第一篇

飲食的兩難

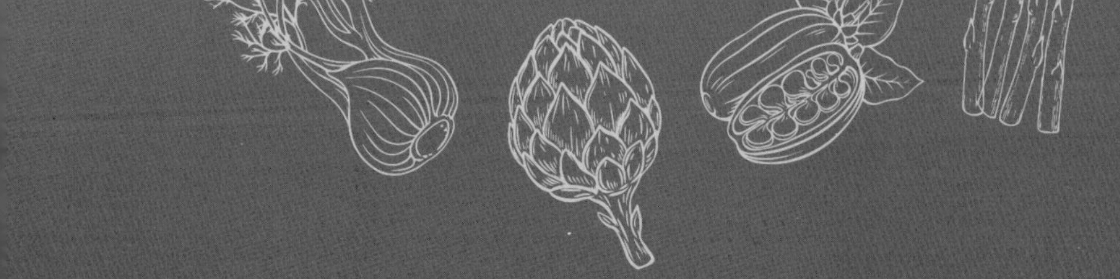

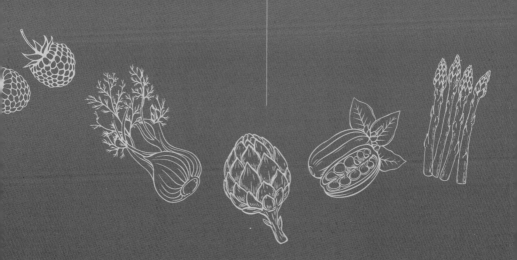

Chapter 1

植物和動物之間的戰爭

不要被這一章的題目嚇到了。我可以保證，這本書會幫助你學習如何變得苗條又有活力，並且可以奠定健康長壽的基礎。

首先，有一件事情必須先說清楚。為了要有良好的健康，攝取特定的植物是沒有任何問題的，但也因此產生了兩難。植物可以讓人的身體有力氣，而且是數百種維生素、礦物質、抗氧化物，以及生存所必需的重要營養素之主要來源。

過去十五年來，我有一萬多位的患者發現，遵循「非常蔬果飲食法」不但能讓體重減輕，許多的健康問題也得到可觀的改善。此外，那些因為消化問題而無法讓自己長肉的人，最後也都達到並且維持健康的體重。原始人飲食法和其他低碳水化合物，以及生酮飲食法都強調須攝取大量肉類，「非常蔬果飲食法」則是以特定的植物性食物和少量的野生魚類和貝類為主食，偶爾攝取放養牲畜的肉。我另外也提供吃全素者和蛋奶素者版本的飲食計畫。

現在，用一個讓人震驚的事實來顛覆你的思維：**把一個人飲食中的水果拿掉越多，他就會越健康，而且膽固醇值和腎臟功能的數值也會越好**。去除飲食中有種子的蔬菜越多（例如：小黃瓜和節瓜），患者的感覺就越好，體重也會減得越多，膽固醇值也獲得改善。

此外，病患所吃的貝類和蛋黃越多，膽固醇值就越低。是的，沒錯。吃貝類和蛋黃可以大幅地減少總膽固醇的值。如同我在引言裡所說，忘記所有你曾以為是真相的事情吧！

一切都為了生存

每個有生命的東西都擁有求生、並把自己的基因傳承下去的本能。植物把掠食者都當作敵人。然而，即使是敵人，也有它們的用途。因此，使得我們這些吃植物的人類陷入兩難：這些所必須吃的食物，自有一套阻止人們不吃它們及其後代的方法，以致動物和植物之間上演一場持續的戰爭。

有些可以維持人們生命的蔬菜和水果，卻同時含有會傷害我們的物質，「麩質」就是一個會對某些人造成健康問題的一種植物成分，所以最近大家非常著迷於無麩質的食物。不過，麩質只是兩難中的一個因素，稍後我們會明白，它們已經讓我們進入了一場徒勞無功的追逐。我將會在這一章後面介紹更多凝集素的世界。

這本書中所介紹的非常蔬果飲食法，讓人們可以從一個比較寬廣、細膩、詳盡的角度來檢視：植物有時候為何會傷害我們，同時也揭露凝集素（和其他有防禦功能的植物性化學物質）、體重增加和疾病之間的連結。

人類和其他草食性動物並不是唯一別有企圖者。就跟所有有生命的東西一樣，植物不想被吃，它們的本能就是繁殖下一代。為了達到這個目的，植物發展出極其聰明的方法，來保護自己和它們的後代不被掠食者吞食。

我將引導你深入探索那些讓人感到困惑、充滿各種植物的植物圈，教導哪些植物是朋友、哪些是敵人以及哪些可以透過方法馴化（也許是特定的準備方法或只在當季食用）。

在掠食者和獵物之間的殊死戰中，一隻成年羚羊往往可以跑贏一隻飢餓的母獅子；一隻北美臭鼬可以釋放出有毒的液體狀噴霧，以短暫地讓狐狸眼睛瞎掉。獵物並非總是輸家。而當獵物是植物，這個可憐的東西很無助，是不是？絕對不可能！

植物在四億五千萬年前就已經出現在陸地上，遠比九千萬年後才在陸地上生活的昆蟲早。直到那些植物掠食者出現為止，對植物而言，地球必定是一個真正的伊甸園，不需要逃跑、躲藏和爭鬥。它們可以和平地生長和興盛繁茂，不受任何拘束地製造那些可以成為它們物種下一代的種子。但是，當昆蟲和其他動物出現，好戲就上場了。這些物種把美味可口的綠色植物和種子當作晚餐，並且看來似乎佔有優勢，因為牠們有翅膀或腳，可以在無法移動的綠色植物之間走動，並吃掉它們。

不過，事實上，植物已經演化出許多非常棒的防禦策略，以保護自己或者它們的種子。例如：融入環境的顏色、製造不討喜的觸感、以樹脂或樹汁等黏稠的東西纏住昆蟲、製造沙土或泥土硬塊以提供保護外層、黏住砂礫好讓它們看起來不好吃、亦或依賴堅硬的外殼，例如椰子或是有刺的葉子。即使有些防禦策略較不明顯。

植物是偉大的化學家，它們可以把陽光變成物質，甚至演化到能使用生物戰來使掠食者中毒、癱瘓、迷失方向，或是讓自己比較不容易被消化，以求活命並且保護種子，提高自我存活的機會。這些物理性和化學性的防禦策略都是讓掠食者走投無路的有效方法，有時候甚至可以讓動物為它們效力。

植物最初的掠食者是昆蟲，故已發展出可以讓任何想要以它們為食的不幸小蟲子癱瘓的凝集素。昆蟲和哺乳動物雖有很明顯的大小差別，但是兩者都受到同樣的作用影響。絕大部分的人都不會因為吃下一個植物化合物，在幾分鐘之內就癱瘓；但是，小小一顆花生（內含一種凝集素）絕對可能殺死某些人。

人類並沒有對植物化合物產生任何免疫，只是因為哺乳類身上的細胞數量龐大，可能需要好幾年之後才會看到攝取這些化合物所造成的傷害。因此即使這些已在身上發生，但現在也仍無感覺。

成熟的果實才能碰

種子是植物的「寶寶」，由於外面的世界很嚴酷，所以植物製造出的種子遠比實際可以在外生根發芽的還多很多。植物種子可以分成兩大基本類型：有些是植物是真的想讓掠食者進食，這些種子被包覆在堅硬的外殼中，好讓自己可以在掠食者的腸胃道中存活，不過若種子因過大無法被動物吞進肚子裡，就可能會被丟棄在一旁。另有所謂的「裸子寶寶（naked baby）」，也就是缺乏保護外殼的種子，這些植物就會不想被吃掉。

果樹的種子都有外殼包覆，這些種子就是第一類的種子。在這些種子掉落到地面之前，母株仰賴動物來吃掉它們，目的是要讓自己的寶寶可被拋散到離母株遠一點的地方，這樣就不用彼此爭奪陽光、水和營養素，除了可以提高其物種的存活機會，亦可擴大分布區域。如果被吞下去的種子保持完整，就可以跟一坨大便從動物體內出來，以提高發芽的機率。也多虧了這個保護外殼，使得這些植物不需要訴諸種子裡的化學性防禦策略。這些植物使用好幾種工具來吸引掠食者的注意，以鼓勵掠食者來吃它們的後代，其中一個就是「顏色」。但是這些植物並不想要寶寶在保護的外殼還沒有完全硬化之前就被吃掉，所以它會使用未熟水果的顏色（**通常是綠色**），來釋放「還沒熟」的訊號給掠食者。萬一掠食者無法解讀這個訊號，植物通常就會提高未熟水果本身的毒素量，以清楚顯示時間不對。好比在翠玉蘋果（Granny Smith apple）問世之前，我那個年代的人只要吃了青蘋果，就會得到腹瀉的慘痛教訓，以後就不敢再吃還沒熟的水果。

那麼，什麼時候是適合掠食者攝取該水果的正確時間？植物會使用水果的顏色來跟掠食者表明它已經熟了，意謂種子的外殼已經硬了，甜度正是最高點的時候。但讓人難以置信的是，這些植物選擇在果實裡製造的是果糖，而不是葡萄糖。

葡萄糖會提高人類的胰島素值。胰島素本來是用來提高瘦體素（leptin）的值。瘦素則是可以阻斷飢餓的荷爾蒙。但是果糖沒有這樣的作用。因此，掠食者從來不會接收到「已經飽了」的信息，所以就會不斷進食水果。這麼一來，對於掠食者和獵物而言，就是雙贏。動物取得更多的熱量，植物讓動物吃很多的果實，也因此吃進更多的種子，讓植物有散布更多寶寶的好機會。

當然，對於現代人而言，這已經不是一個雙贏局面，因為現代人不需要從熟成的水果中攝取多餘的熱量。幾十年前，大部分水果都只能在夏天吃到；但是，現在卻是全年都可以吃到。而全年都吃得到水果，就是讓你生病和過重的原因！

蔬果的外表會騙人

植物用顏色來傳遞它們的種子已經準備可被採摘的信息，也代表種子已經成熟、外殼變硬，即使被吃進肚子，通過消化道也會毫髮無損。所以，綠色的意思就是「停」，紅色（和橘色、黃色）的意思是「可以」。紅色、橘色和黃色對你的大腦發出這水果甜、可以吃的信號。

這是賣食物的人很早就知道並且運用的概念。下一次當你站在超市的甜點區時，檢查一下那些甜點的包裝和標示，就會發現它們幾乎都是這些暖色。

植物長久以來已經教會人們把紅色、黃色和橘色與熟成做聯結。不過，當你於十二月在北美的超市買水果時，非常可能它們都是生長在智利或某個位於南半球的國家。

它們都是在未熟成的狀態下被採摘下來，然後等到送達目的地時，再被噴上環氧乙烷（ethylene oxide）。環氧乙烷會改變水果的顏色，讓它們看起來熟了、可以吃了，但水果裡面所含的凝集素仍然很高，因為種子的保護外殼一直沒有機會完全長好，所以水果就永遠不會從母株得到已經熟了的訊息而減少凝集素的含量。同樣地，當水果可以自然熟成時，母株就會減少種子周圍和皮的凝集素量，然後以顏色的改變來傳遞熟成的訊息。

反之，環氧乙烷這樣的人工氣體處理固然可以改變水果的顏色，但是凝集素保護系統依然繼續作用，所以吃了過早採摘的水果對人體的健康危害甚大。這也是為什麼我會在第二篇建議你只吃本地生產的農產品，而且只在盛產期吃的原因之一。

在歐洲，大部分非當季的水果都是在以色列或北非所種植的。因為從這兩地運送水果到歐洲只要幾天的時間，所以水果可以在熟成後再採摘運送，不必噴上人工氣體催熟。歐洲人就是因為都吃凝集素較少的天然熟成水果，所以一般而言都較為健康和苗條！

植物的生物戰

裸子植物採用的則是一個趨異策略。這些草、藤蔓和其他在開放場域生長的植物，已經選好一個可以生長的肥沃地點。它們要寶寶在那裡落地生根。這樣一來，母株於冬天死亡之後，寶寶就會在下一個季節冒出頭，取代上一代。

對於它們而言，種子被帶走沒有任何好處，所以不能讓昆蟲或其他動物不要吃掉寶寶。這些裸子植物的種子沒有硬殼保護，卻含有一個或多種化學物質，可以讓掠食者變虛弱、癱瘓或生病，這樣掠食者就不會再度誤食這些植物。這些化學物質包括：植酸（phytate），通常又叫做抗營養素（anti-nutrient），它會妨礙飲食中礦物質的吸收；胰蛋白酶抑制素（trypsin inhibitor）則會讓消化酶無法發揮作用，干擾掠食者的生長；而凝集素則是設計用來破壞細胞之間的溝通，它會造成腸壁屏障（intestinal wall barrier）之間的空隙，也就是所謂的腸漏症（leaky gut）。全穀物的纖維外殼、外皮和麩皮中，也都含有這三種防禦性化學物質。

其他勸阻掠食者不要靠近的威嚇物，包括：會釋放苦味的鞣酸（tannin），以及茄科家族（nightshade family）的莖和葉中，所含有的生物鹼（alkaloid）。你可能已經知道茄科植物是非常容易導致發炎的食物，這些茄科植物包括：各種美食愛用的蕃茄、馬鈴薯、茄子和彩椒。此外，枸杞也屬於茄科家族。我們之後會再詳細介紹茄科家族、穀物、豆類和其他豆莢類。

植物會思考嗎？

植物會密謀傷害我們？精心調配化學物質好把掠食者嚇跑？說服動物把它們的種子運送到別的地方，以擴張它們的版圖？如此的策略顯示植物有意圖的能力，甚至有學習的能力。可以確定的是，植物思考的方式不會跟你我所認為的一樣。

就演化策略而言，不論是一株「簡單的」植物，或是一個像人類這樣「複雜的」超級有機生物體，任何聚合物（compound）只要可以被生產出來（即使是基於意外），能確保有更多的基因複製品可以存活且繁殖興盛，那麼就具備了優勢。

如果你是一株植物，有著能產生讓掠食者在吃掉自己的子孫之前，多想一想聚合物，不論如何都會是個好東西。下一次當你遇到墨西哥辣椒時，就能理解這一點了！

你知道植物在自己被吃掉時，能意識到自己正被吃掉嗎？

根據最近的研究顯示，植物的確知道，只是它不會呆呆等在那裡，接受自己的命運。它會調動軍隊來進行防禦，以設法不被掠食者吞食。科學家曾經以包心菜家族（cabbage family）之一的阿拉伯芥（thale cress）為研究對象。

阿拉伯芥是第一個被找出基因序列的植物，所以跟其他植物相較之下，研究者比較能瞭解它的內在運作情形。為了找出植物是否意識到自己被吃掉，科學家製造了毛蟲正在吃葉子時的振動，並也錄下其他植物可能會經歷到的振動，例如：風吹的振動。很明確地，阿拉伯芥會回應模擬正在吃葉子的毛蟲所帶來的振動，它會產出略為有毒性的芥末油，並且把芥末油輸送到葉子，好阻撓掠食者。但是對風或其他振動沒有任何反應。

另外一個例子則是名符其實、非常敏感的含羞草。它知道如何保護自己不被干擾，包括被吃掉。只要被碰觸到，它就會把葉子捲起來，以防禦自己。事實上，生長在特別容易受干擾的環境下，含羞草比較容易把葉子捲起來，但是生長在較不會被干擾區域的含羞草，則比較不會因為外力碰觸而把葉子捲起來。

植物也會對生理時鐘有反應，就跟人類和其他動物一樣。研究人員發現植物所謂的時鐘基因，決定了該植物在一天當中什麼時間製造殺蟲劑，好配合悄然前來的掠食者的時間。當研究人員把植物裡的時鐘基因移除之後，它就失去了製造毒素的能力。

最後，讓我們聚焦在一個你可能從來沒有聽過的植物化學物質：凝集素。當蟲子開始吃植物一邊的葉子時，另一邊葉子的凝集素量馬上加倍，因為這棵植物非常勇猛地掙扎，想要勸阻蟲子不要再吃它。稍後你將會知道，凝集素在植物的自我防禦策略中扮演非常關鍵的角色，而且它們也是傷害動物的過程中一個重要因子。

被吃下肚的敵人

凝集素到底是什麼？

凝集素是在植物和動物體內都可以找到的大蛋白質，它們也是植物跟動物長久戰爭中，用來防衛自己的軍火庫裡一個非常重要的武器。科學家在一八八四年研究不同血型時，發現了凝集素。到目前為止，最有名的凝集素就是麩質。其他還有許多凝集素，很快地我就會介紹到它們之中最重要的「凝集素」。你應該很想要認識它們。

凝集素到底如何幫助植物來防禦掠食者呢？這麼說好了，在掠食者把植物吃進去之後，大部分植物的種子、穀粒、皮、外殼和葉子裡的凝集素，都會跟碳水化合物（醣）結合，尤其是「多醣（polysaccharide）」這種複合糖。就跟智能炸彈一樣，凝集素會鎖定糖分子，並且把自己附著在上面，主要是在其他有機生物體的細胞表面，尤其是真菌、昆蟲和其他動物。

它們也會跟唾液酸（sialic acid）綁在一起。唾液酸是一種糖分子，存在於消化道、大腦，神經尾端之間、關節和所有體液中，包括所有生物的血管內壁（blood vessel lining）中都可發現它們的蹤影。因為這樣的結合過程，使得凝集素有時候又叫做「黏性蛋白（sticky protein）」，意謂**凝集素可以干擾細胞之間的信息傳達**，**或是造成中毒或發炎的反應**。舉例來說，當凝集素跟唾液酸結合之後，神經細胞就無法把它的訊息傳達給別的神經細胞。如果你曾經經歷過「腦霧」的困擾，那可能就是凝集素在作祟。

凝集素也會促使病毒和細菌，附著在它們想要的目標上，並與之結合。不管你相不相信，有些人（**那些對於凝集素比較敏感的人**）會因此比別人更容易受到病毒和細菌的感染。如果你好像比朋友更常生病，那麼可能需要好好思考一下凝集素對自己可能的影響。

除了可能導致健康問題之外，凝集素也會讓體重上升。在北方的氣候之下，小麥之所以成為首選穀物的原因，在於小麥裡面有一種獨特的凝集素，也就是「小麥胚芽凝集素」（wheat germ agglutinin / WGA）。小麥胚芽凝集素就是讓小麥容易使人體重增加的原因。你沒有看錯！小麥幫助你的祖先在古代增加或維持體重，因為當時食物經常不夠吃，在當時「小麥肚」可是讓人羨慕的東西啊！而且，你知道嗎？古代小麥裡面的 WGA 跟現代小麥裡面的 WGA 一模一樣，所以一樣會讓致使體重增加。

植物無所不用其極地讓掠食者的嘴巴離開它的種子，好拯救它的寶寶，甚至不惜犧牲自己的葉子。凝集素不是刻意殺死那些膽敢當場吃它的動物，就是會讓那個動物感覺不舒服。畢竟，一個變弱的敵人比較容易對付。

假設昆蟲和動物在與這樣的植物初次遭遇之後存活，牠們很快就學會不要吃任何會讓自己們感覺不好或無法生存的植物，並且決定那個植物不值得吃，然後轉而吃比較綠的草和其他物種，這樣那個植物和它的寶寶就得以活命。同樣地，這是一個雙贏局勢。

古人發展許多方法來處理凝集素；不幸的是，現代人並沒有如此精明。人們反而會是在吃進某個跟自己不合或生病的東西之後，而去尋找或發明某個東西，例如：減少胃酸的耐適恩錠（Nexiurn），或是伊布洛芬（inbuprofen）這種可以減輕疼痛的藥物，以便繼續吃那些原本設計要傷害我們、造成疼痛或變虛弱的那些東西。

說到胃酸，我們不僅一直在吃那些傷害自己的食物，甚至把這些食物餵食給食物鏈中的動物，結果讓這些動物也跟遭受同樣的痛苦。如果牛可以選擇，牠們絕對不會攝取玉米和黃豆。牠們天生的飲食是草料，但是在專業的養殖場裡，牠們卻不斷被餵食玉米和黃豆。玉米和黃豆裡面的凝集素比草更能讓牛增加體重，而且有更好的脂肪比例。黃豆和玉米都充滿了牛無法適應的凝集素，導致罹患嚴重的胃灼熱，並在吞嚥食物時感到痛苦，以致於停止進食。

農夫為了讓他們的牲畜吃進更多讓牠們變胖的食物，所以就餵牛吃碳酸鈣（calcium carbonate），碳酸鈣就是TUMS胃藥的有效成分。事實上，全世界一半以上的這類藥品都用來加在牛的飼料中，以停止牛的胃灼熱不適，好讓牛可以繼續吃那些本來就不適合牠們吃的玉米和黃豆。

你吃了什麼就成爲什麼

對於人類而言，豆類、小麥、穀物以及其他特定的植物，特別容易造成問題。

首先，在漫長的時間中，我們人類並沒有發展出可以容忍這些物質的免疫力，也沒有足夠的時間，讓消化道發展出可以使體內微生物，充分碎解這些蛋白質的能力。結果就是無以計數的疾病產生，胃部方面的疾病只是冰山的一角而已。

這些植物並非凝集素的唯一來源，它們也會出現在動物性食物中。當牛和其他動物以穀物或黃豆為食物時，因為兩者都充滿凝集素，所以這些蛋白質最後會凝聚在這些動物的乳汁或肉體中。那些用充滿凝集素的飼料餵食的雞肉和蛋，也是如此，以黃豆和玉米來餵養的飼養海鮮，也是如此。

如果不是因為我在眾多的患者身上，見識到從飲食中拿掉這些食物，才能讓他們徹底恢復健康，我也是不會相信這一點的。

在一九八〇年代中期，因為自身經驗，讓我完全信服了！

當時，因為我在當地知名的大奧德蒙街兒童慈善醫院（Great Ormond Street Hospital Children's Charity）擔任心臟外科臨床研究住院醫師，所以讓太太和兩個年幼的女兒搬到倫敦。那時，英國的兒童主要是以絞碎的魚肉為食物，女兒們非常想念最愛吃的美國炸雞，為了讓她們開心，我帶她們去市區裡唯一的一家肯德基吃晚餐。當她們咬了一口炸雞之後，卻馬上拒絕再吃，說那是魚肉，不是雞肉。

我努力說服她們那個真的是雞肉，但是就某個層面來看，她們說的對。因為這些雞是吃魚肉的，所以牠們實際上真的變成了魚。在那個時候，我並沒有想到事實上被餵食玉米或黃豆的雞，其實已經不是雞，而是變成咕咕叫、會走路的穀物或豆子。

就像大家經常說的：「你吃了什麼就成為什麼（you are what you eat）。」而其實，**你所吃的食物吃什麼，你也會成為什麼**。當攝取那些有機生長的農產品和在草場放牧的動物性食物（我指的不是非圈養動物）時，植物裡面的營養素、植物從土壤裡得到的營養素以及動物所吃進去的植物，都會進入人體內，與身體裡面的每一個細胞整合。瞭解「所吃進去的食物是如何生長和飼養的」並不只是一種生活型態的選擇，也會直接影響到人體健康。

目前沒有結論可以證明，有機種植的蔬菜和水果，確實比傳統種植的農產品含有更多的維生素和礦物質，但是，它們的確含有更多的多酚（polyphenol）。同樣的道理也可適用在攝取草場放養的動物性食物上。然而，吃什麼就成為什麼的故事，並不是在這裡就結束了。傳統用來餵食動物的穀物和黃豆，最後會出現在這些動物的肉、奶或蛋中的凝集素，然後最後進了你的消化道，並且在那裡繼續傷害你。

即使是有機和非圈養動物都有可能含有這些凝集素，因為它們是用黃豆和玉米飼養，但非圈養、草飼的動物就是會不同。一個牛肉漢堡裡的牛肉，是來自夏天在草地放牧、冬天吃乾草的牛，還是來自關在圍欄裡吃玉米和黃豆的牛，差別非常的大。

首先，肉裡面的 omega-3 和 omega-6 油脂的比例會不一樣。除了幾個特例之外，omega-6 油脂會讓人發炎，omega-3 則是抗發炎。玉米和黃豆主要含有 omega-6，而青草則富含 omega-3。除此之外，讓人驚訝的是，那些讓牛變胖的黃豆和穀物所含的熱量，跟等量的青草所含的熱量是一樣的。這意謂，熱量的來源與人體熱量、新陳代謝息息相關，扮演著十分重要的角色。

當在討論體重增加時，這一點請一定要放在心上。而讓問題雪上加霜的是，在美國，幾乎所有黃豆和玉米都是用基因改造的種子種出來的。我們將會在第四章詳細探討攝取「基因改造有機生物體」（genetic modified organism / GMO）的影響。

攻略與防禦之間

所以，在這場植物界和動物界的戰爭中，人類站在哪一方？難道人們那麼容易被植物的凝集素和其他化學物質打倒嗎？完全不是這樣。

我們必須瞭解到的是，雖然凝集素有毒又會造成發炎，並且有能力打亂人體內部的信息傳達系統，然而所有的動物，包括人類在內，其實都已經發展出自我防禦系統，以讓凝集素變成無害或者至少減輕它的作用。人類有一個四管齊下的防禦機制，保護自己不受植物的毒素（尤其是來自凝集素）傷害。

1. 第一道防禦是鼻子裡的黏液和嘴巴的唾液，兩者統稱為黏多醣（mucopolysaccharide）。猜猜看那些醣在那裡要做什麼？為了困住凝集素。請記住，**凝集素喜歡跟醣結合**。下一次當你因為吃很辣的食物而鼻子流鼻水時，就表示剛剛吃進了一些凝集素。那些額外的黏液，不只是為了困住剛吃進去的凝集素，同時也給食道加上額外的保護層，以讓食物可以順利下去。
2. 第二道防禦是胃酸。在許多狀況下，胃酸負責消化特定的凝集素蛋白質，只不過無法全部都消化掉。

3. 第三道防禦是嘴巴和消化道裡的細菌、微生物。它們已經演化成可以在凝集素有機會跟消化道壁互動之前，就把它們吃掉。當吃進某些特定植物凝集素的時間越久，製造細菌時間就會越久。這也是為什麼若從飲食中完全消除麩質，專門吃麩質的細菌就會死光，然後當想再恢復吃麩質或某些不知道裡面含有麩質的東西時，你就沒有辦法消化它們，而因此造成不適。

4. 最後一道的防禦是在腸道裡，由特定細胞所製造出來的黏液層。就跟鼻子、嘴巴、喉嚨和一路延伸到肛門的黏液一樣，這層腸道黏液扮演著屏障的角色。它使人體所吃進去的植物聚合物，待在所屬的腸道裡面，使用黏液裡的醣來困住並吸收凝集素。

將以上所有的防禦加起來就成為一個有效的系統。

然而，只要入侵這些防禦線的凝集素大軍數量越多，就有越多的黏液層裡的糖分子被用掉，凝集素因此就越可以進入它們真正想要去的地方——消化系統內壁的活細胞。此處就是這些盜匪上路的地方。

當然，你的確有另外一個有力的武器可以用來對抗凝集素——大腦。只要知道特定的食物有問題，就應該避免它們、盡量少吃。亦或透過祖先早就知道的準備方法，緩解它們的作用。等你越來越瞭解自己的消化道和那些住在裡面的微生物之後，就能夠運用大腦來更有效地矯正這些錯誤。

現在你已知道人類的四個防禦策略，我將會在第二篇進一步講述該如何強化這些防禦方法。不過，就像在美國的美式足球聯盟比賽一樣，讓我們現在先檢視一下凝集素的進攻陣容。植物將用三種策略來攻擊那些可畏的防禦系統，好讓人們在好幾個戰場前線上感覺不舒服。

凝集素攻擊策略1：突破遊戲

凝集素的第一個任務，就是打開人體內腸道黏液壁與細胞之間的緊密連結。不論你相信與否，腸道內壁只有一個細胞那麼厚，但其表面卻相當於一個網球場那麼大。試想像一下，有一道只有一個細胞那麼厚的牆負責看守這個巨大的邊界。腸道細胞負責吸收維生素、礦物質、油脂、醣和簡單蛋白質（simple protein），但是不吸收大蛋白質（large protein），而凝集素則是相當大的蛋白質。

倘若你的消化道和它的黏液層都很健康，凝集素應該就沒有辦法穿越黏液細胞。如果你曾經玩過古老的「突破遊戲」❸，想像一下那些想要撬開你的手臂，好穿越隊伍陣線的那些身強力大的孩子。當凝集素攻擊黏液壁時的情形，就是這個樣子。

只要這四道防禦線有一道或甚至更多被突破了，凝集素就可以跟特定細胞上面的受器（receptor）結合，製造出一種叫做「解連蛋白（zonulin）」的化學聚合物，以撬開腸道內壁的緊密連結。解連蛋白會打開腸道內壁細胞之間的空間，讓凝集素得以接觸周圍的組織、淋巴結和腺體或血液，而這些都不是它們應該來的地方。只要它們抵達那裡，就跟任何外來蛋白質一樣，促使身體的免疫系統來攻擊它們。

想像一下，如果你的皮膚下面有碎片，你的身體用白血球細胞攻擊這個碎片，所以創造出紅腫。雖然無法看到身體如何回應那些，取得通道進入禁止地帶領域的東西，但我可以保證那些入侵的凝集素，會促使人體的免疫系統用類似的方式來回應。每當我測量發炎「細胞激素」（cytokine）時，就經常會看到這樣的情形發生。細胞激素的功能就好像空襲警報一樣，警告免疫系統有外來的威脅。

凝集素攻擊策略2：模仿遊戲

在動物王國中不乏許多模仿其他物種，以謀求自身利益的案例。有些蛾類會模仿蜘蛛，好讓蜘蛛掠食者放過牠們。沒有傷害力的腥紅色王蛇讓自己看起來像有致命危險的珊瑚蛇，以能有效地威嚇掠食者。有一種叫做竹節蟲（walking stick）的昆蟲，則看起來就像一枝乾掉的樹枝。

❸ red rover：遊戲者分成兩隊，每隊手牽手，然後各自派人設法突破對方所牽起來的手牆，沒有突破者就成為對方的一員，突破者則依然回到原來的隊伍中。

同樣地，植物也可以模仿鳥類或昆蟲，以免被吃掉。因此，如果發現植物刻意讓凝集素無法跟身體裡其他蛋白質區分的話，也不要感到驚訝。植物的這個策略就叫做「分子模仿」。在人體裡，凝集素幾乎無法跟某些特定的蛋白質做區分，透過模仿這些蛋白質，凝集素愚弄了宿主的免疫系統，以讓其去攻擊自己的蛋白質。又或者，凝集素跟細胞受器結合，表現的好像就是荷爾蒙或實際阻斷了荷爾蒙，以此干擾身體的細胞溝通並造成嚴重傷害。

我們免疫系統的細胞和其他細胞會使用叫做TLR（toll-like receptor：類鐸受體）的「條碼掃描器」，來確認蛋白質是朋友還是敵人。這些經過好幾十億年建造出來的模式受體，一直受到特定食物裡面的新模式所影響。不幸的是，這些新模式模仿了一套完全不同的聚合物。這些聚合物會吩咐細胞，尤其是免疫細胞和肥胖細胞聽命行事。

舉例來說，這些聚合物會命令肥胖細胞在不應該儲存脂肪時儲存，或者告訴白血球細胞去攻擊自己的身體，讓白血球錯把朋友當敵人。這些聚合物中其中有一些非常的新，我們的祖先直到五百年前才接觸到它們。另有一些，人們卻直至五十年前才與它們相遇！

凝集素攻擊策略3：傳輸遊戲

有些凝集素也會透過模仿或阻斷荷爾蒙的信號，來中斷細胞之間的傳輸。荷爾蒙是一種蛋白質，這種蛋白質進駐在所有細胞壁的實際對接端口（docking port）上，並且釋放訊息給細胞，要求細胞依照該荷爾蒙的指令行事。舉例來說，胰島素讓細胞有能力許可葡萄糖進入並提供燃料。如果沒有多餘的葡萄糖，胰島素就會附著在肥胖細胞上面，並且引導它們把葡萄糖當作脂肪儲存起來，以備食物不足時之需。

一旦荷爾蒙釋放了訊息，細胞就會知會荷爾蒙已經收到信息，然後荷爾蒙就會退出端口，好讓端口迎接下一個荷爾蒙。為了執行上述這些事情，胰島素的對接端口必須打開而且可供使用。然而，凝集素可以跟細胞壁上面的重要對接端口結合，結果不是提供錯誤的訊息就是阻斷正確訊息的釋放。例如，WGA 凝集素跟胰島素驚人的相像。它可以附著在胰島素對接端口，彷彿它就是真的胰島素分子，但是它卻不會像真正的荷爾蒙那樣離開端口，於是造成毀滅性的結果，包括：肌肉質量的減少、大腦和神經細胞挨餓，還有許許多多的肥肉。天啊！

重新認識健康飲食

我們可能跟植物開戰，但是它們（至少大部分）含有維生素、礦物質和一長串的類黃酮（flavonoid）、抗氧化劑、多酚和其他微量營養素，這些都有益於人體內的微生物健康和自身健康。「非常蔬果飲食法」其實是一個以為生物和粒腺體為中心的飲食計畫。這個飲食法教導人們吃正確的植物性食物，用正確的方法來準備、在正確的時間攝取正確的量。等讀完這本書之後，就可確實地知道哪些植物性食物可以吃、哪些必須避免，以及如何準備特定的食物以減輕凝集素的影響。但是，你不會只靠植物勉強度日。

大部分動物性蛋白質的來源將取自野生海鮮，所以我把這個飲食計畫叫做「素洋（vegaquarian）飲食法」。我曾經在羅馬林達大學醫學院（Loma Linda University School of Medicine）擔任教授一段很長的時間。羅馬林達醫院是由基督教的基督復臨安息日教會所創辦的大學，是一家遵行基督復臨安息日蛋奶素素食斷食有名的機構。所以，我也提供了一個適合蛋奶素和全素的素食者，可以達到最佳健康的飲食版本。

有一半的患者之所以來找我，是因為他們無法從其他知名的消化道治療方法中得到改善。這些知名的飲食方法包括：消化道痊癒飲食法（Gut and Psychology syndrome / GAPS diet）、特定碳水化合物飲食法（Specific Carbohydrate / SCD diet），以及低發酵性食物飲食法（Fermentable Oligosaccharides Disaccharides Monosaccharides And Polyols / FODMAP diet）。那些專精於消化道健康的研究者可能無法理解的是，雖然在治療腸漏症中有許多因素都很重要，但是必須移除那些強迫消化道一開始就門戶大開的入侵蛋白質。除非做到這一點，否則所做的都只不過是把水從漏水的船裡舀出去，必須把洞填補起來並且不再製造新的漏洞，不然這艘船仍會繼續往下沉。

幸運的是，我們有方法可以戰勝凝集素的破壞作用，我將會在接下來的幾章繼續說明。遵照非常蔬果物飲食法的三階段飲食，可從最初就消除最有問題的凝集素，治癒消化道。大部分的人之後可以重新再吃適量的凝集素，但是必須經過適當的處理。也不是每個人對於每個凝集素都很敏感。你的祖先攝取某種特定的葉子或植物其他部分的時間越久，你的免疫系統和體內微生物，就越有機會演化成可以耐受那個凝集素的能力。

在下一章中，將進一步探討凝集素的世界，以瞭解它們如何在人體裡面領軍作戰。也會探索許多所謂健康食物的迷思，你將會知道它們實際上就是心臟病、糖尿病、關節炎、肥胖和所有自體免疫疾病的隱藏肇因。

Chapter 2 失控的凝集素

前面已經認識了調皮的凝集素，讓我們再問一個最直接的問題：如果祖先好幾千年來已經吃了這些含有凝集素的食物，為什麼凝集素到現在還會危害我們的健康？此外，近年來到底是什麼東西改變了，而導致這樣的結果？

實際上，凝集素已經為人類製造麻煩好幾千年了。透過嘗試和錯誤的學習，所有動物，包括人類在內，都學到必須避開哪些植物。但是，大約幾十萬年前，人類有了一個大發現，使我們在與植物的戰爭中，一舉超越其他所有生物，那就是：火！

許多凝集素都會在烹煮中被碎解。再加上，要打破植物的細胞壁並不難。之前，只有消化道的細菌有能力做這兩件情。這麼一來，我們的祖先演化成可以大幅減少消化所需能量的生物，而讓需要能量的大腦可以更容易取得熱量。烹煮雖然不是一個完美的解決方法，但是它可讓我們善用根莖類植物。這些食物就是植物在地下用來儲存澱粉的系統，例如：地瓜。烹煮可以碎解人類無法消化的植物聚合物。

在烹煮出現之後，對於身為智人的我們，情況似乎還不錯，而且大概維持九萬年左右。豐富的動物性食物和根莖類，讓人類長得又高又壯。事實上在一萬年前，人類的平均直立身高大約一百八十二公分。然而在最後的冰河期結束之後，麻煩開始了。在嚴寒氣候之下，大量繁殖的大型野獸迅速死掉，人類需要一個新的熱量來源，因此進入農業時代，人們開始在中東的肥沃月彎區域種植穀物和豆莢類，這兩者都可以儲存之後再食用。而穀物和豆莢類的種植，就是植物逆襲的那把終極雙面刃。

在好幾萬年之後，全新的凝集素再一次進入人類的消化道，但人們從過去到現在依然準備不周。很快地你也將會明白，對於人類這樣的物種而言，穀物和豆類既是最有益，卻同時也是最有害的食物。

凝集素的演化

在上一章中，得知有兩種種子：有硬殼和沒有硬殼的。也學習到植物有兩種不同的防禦策略：阻撓掠食者吃進它們的種子，或者是鼓勵掠食者吃進種子並且散播出去。

不意外的是，植物的掠食者也演化成兩種類型。草食性動物（grazer）演化成為攝取單葉植物，也就是單子葉植物（monocotyledon，簡稱 monocot），我們通常認為大多數的單子葉植物都是草或穀物。此外，樹居動物（tree dweller）則演化成攝取樹的葉子和其他雙葉植物（雙子葉植物／bicotyledon）及它們的果實。單葉植物和雙葉植物兩者所含的凝集素完全不同，所以草食性動物和樹居動物的消化道也演化出兩種完全不同的路徑。草食性動物消化道裡的微生物消化的是單葉植物，而樹居動物消化道裡，則是可以處理雙葉植物凝集素的另外一種微生物。

人們接觸某個聚合物的時間越久，就能夠耐受該聚合物，而且不會對它有激烈的反應。試想一下，過敏疫苗注射就是先給一個過敏原的一點點劑量，直到最後可以完全應付那種物質為止。但是，就凝集素的個案而言，要讓我們可以耐受特定凝集素所需要的時間，不是好幾週或好幾個月，而是千年。

牛、綿羊、羚羊和其他草食性動物是經過好幾百萬年，才發展出能夠處理單葉植物的凝集素的能力，並且代代相傳。當然，所謂的處理指的是消化和消滅凝集素；如果沒有消滅那些凝集素，那麼就「教育」免疫系統不要過度反應，因為牠們已經跟凝集素交手好幾百萬年了。

四千萬年以前老鼠便開始演化成專門吃穀物的動物，而且很早就已經適應這些凝集素，所適應的時間幾乎是人類適應時間的四千倍之久。囓齒動物的消化道裡也擁有比人類還多幾百倍的蛋白酶（protease），可以打碎種子裡的凝集素，意謂囓齒動物的腸道壁不會像人們的消化道那樣，不斷遭受來自凝集素的威脅。

人類當然不是草食性動物，至少根據草食性動物的定義而言，我們不是。因此，人們被歸類為樹居者，或者至少可以把人類算做是樹居者的後代。我知道，你可能難以相信這一點，不過那已經至少是四千萬年以前的事了。而且從那之後，現在以你的身體為家，能夠處理雙葉植物的凝集素的微生物，已代代相傳到你身上。

人類飲食的劇變

人體消化道的細菌在「教育」免疫系統上扮演一個重要的角色。它們會教免疫系統判斷哪些聚合物是相對無害的，應該接受並且讓它們進入體內，哪些則是會造成問題，所以必須阻擋它們進入。我們的「邊界巡邏」——免疫系統，早在八千多萬年以前就已建立，然而直到非常晚近，人們及體內的微生物，才受制於特定食物裡的新模式。不幸的是，在這些食物裡面的聚合物模仿了一整套聚合物，並且告訴體內細胞（尤其是免疫細胞和脂肪細胞），該做些什麼。

下述所列出來人類四大進食模式的破壞，則打亂了植物和人類之間微妙的權力平衡。因為這個權力平衡，雙方才能在幾千年中共存共榮。而每一個破壞都迫使人們適應（或不適應）某個改變中的飲食法。直至最近，我們才廣為揭發凝集素在此破壞中所扮演的角色。

肥胖、第二型糖尿病和其他健康問題等流行的疾病，亦已經證實人們在這場戰爭中節節敗退。為了瞭解原因以及可以做些什麼，且先簡短地回顧人類的古老根源。

劇變1：農業革命

一萬年前出現的農業革命，代表一個全新的食物來源：穀物和豆類，在很短的時間內迅速成為大部分文化的主要食物。當時，人類的飲食從以葉子、根莖和部分動物性油脂、蛋白質為主食，轉換成為以穀物和豆類為主食。在此之前，人類體內的微生物從來沒有接觸過穀物或豆類裡的凝集素，因此人類的消化道細菌、微生物和免疫系統，完全沒有處理它們的經驗。

時間再快轉到五千年前左右。古埃及因為小麥滿盈的穀倉，使得它崛起成為大國。然而，研究者在分析了好幾千具木乃伊殘骸發現，那些以小麥為食物的人的健康狀態並不好。他們死的時候過胖且動脈阻塞，其牙齒也因為飲食中含有大量充滿單醣的穀物而蛀掉，並且因為要磨碎穀物而磨損到牙齦處。

從尼芙蒂蒂王后（Queen Nefertiti）的木乃伊殘骸，可推測她非常可能有糖尿病。這位傳奇的王后並不是唯一因為大量攝取穀物而導致健康問題的埃及人。事實上，即使在現代，燕麥粥一直都跟牙齒問題有關聯。

在一九三二年，研究人員發現如果讓有蛀牙和畸形牙的兒童不吃燕麥，並且用維生素D和魚肝油來強化六個月，結果孩子們幾乎不再出現新的蛀牙，而且現有的蛀牙也不會惡化。這些結果遠比之前只使用維生素D營養補充品來強化，並且允許兒童繼續攝取燕麥好太多。

儘管我們可以看到燕麥和其他穀物、豆類，以及特定植物都有或多或少的毒性，但在挨餓及願意在一些健康問題上妥協的情形之下，人類永遠都會選擇活命。當農業革命讓上述植物成了我們的盤中飧時，祖先的確想出了一些方法，來盡量降低凝集素的作用。例如：發酵和其他聰明的食物處理技術。而且，如果沒有穀物和豆類，我們現在所知的文明顯然就不可能發生。

劇變2：牛隻的突變

大約兩千年前，北歐的牛發生突變，使得牛奶裡面含有酪蛋白A-1（casein A-1），而不是酪蛋白A-2。在消化過程中，酪蛋白A-1會變成一種類似凝集素的蛋白質，叫做β酪啡肽（beta-casomorphin）。這種蛋白質會附著在胰臟負責製造胰島素的β細胞（beta cell）上，而促使免疫細胞去攻擊那些，因攝取這些牛所製造的牛奶或起士的人的胰臟。這個非常可能就是第一型糖尿病的肇因。

南歐的牛、山羊和綿羊則繼續生產酪蛋白A-2的奶。但是，因為酪蛋白A-1的牛比較強壯，而且可以產出比較多的乳汁，所以農夫比較喜歡畜養牠們。全世界最常見的牛品種是豪斯坦牛

（Holstein），牠們的牛奶裡含的就是這種有問題的類凝集素蛋白質。如果你認為喝牛奶會讓人體健康有問題，多半都可以歸罪於牛的品種，而不是牛奶本身。

黑白花紋的豪斯坦牛是非常典型的酪蛋白A-1的牛，而根西牛（Guernsey）、瑞士黃牛（Brown Swiss）和比利時藍牛（Belgian Blues）則都是酪蛋白A-2。這也是為什麼我會建議，如果欲攝取乳製品，最好只選擇酪蛋白A-2的乳製品。其他變通的方式則是使用山羊或綿羊奶所製造的乳製品，以求安全。

劇變3：新大陸的植物

一萬年來，人們照理說應已經相當能夠耐受這些新的凝集素，但是讓我們再倒退一下時間。五個世紀之前，在人類接觸凝集素的歷史中，最後一次重大的改變，而且可能也是破壞性最大的一次，則是發生在歐洲人抵達美洲時。探險家把新大陸的食物帶回他們的家鄉，而以哥倫布（Christopher Columbus）為名的「哥倫布大交換」（Columbia Exchange）❹，則讓當時世界的另一半大量地接觸到從來沒有接觸過的新凝集素。

這些凝集素包括：茄科家族、大部分的豆類家族（豆莢類，包括花生和腰果）、穀物、仿穀類（莧菜子和藜麥等）、南瓜家族（南瓜、橡子南瓜、節瓜）、奇亞子和其他特定的種子。這些食物都是歐洲人、亞洲人或非洲人從來沒有看過、更沒有吃過的食物。

在你所知道的有益健康的食物中，有一半都是新大陸植物，是大部分人類從來沒有接觸過的食物，這意謂人們的身體、消化道細菌和免疫系統的準備其實非常不周全，所以沒有辦法耐受它們。在五百年間認識一種新的凝集素，就相當於在演化中的速食約會！

劇變4：當代新創發明

在過去五十年來，人們面臨了另外一些新凝集素的挑戰，分別來自加工食品以及最近非常盛行、包括：黃豆、玉米、蕃茄和油菜子在內的基因改造食品（GMOs）。人類的身體從未遭遇過這些凝集素，雪上加霜的是，因為廣效抗生素、其他藥物和各種化學物質的使用，人們已經完全毀壞了那些本來可以有機會自行處理這些凝集素，並教育免疫系統如何處理它們的消化道細菌。

上述四個因素，都已經從根本破壞了人體裡面正常的信息傳遞。人們不可能在這麼短的時間內，就適應這些凝集素的猛烈攻擊。尤其，如果我們每天都消化包括抗生素在內的特定藥物，

❹ Columbia Exchange：因為哥倫布發現新大陸，而讓東半球和西半球之間生物、農作物、人種、文化、傳染病，甚至思想的突發性交流。

以及像人工甘味劑這些物質，就等於是天天在殺死人體裡面大部分的微生物。

五十年來的自作自受

倘若上述四個因素只有一個是因為現代生活的改變，那為什麼我們今天會突然對凝集素這麼敏感？如前面所言，當代新創發明中，有好幾個最近發生的變化，影響了人們對凝集素的反應。這些轉變以極快的速度前進，人類和微生物卻無法在這麼短的時間內快速趕上。

在過去五十年間，人們已經拋棄了許多經過嘗試、證實為好的進食和準備食物的方式，反而選擇速食、加工食品、過度加工食品（ultraprocessed food）和微波餐等食物，這些都大幅地改變人們的飲食組成。玉米、黃豆和小麥都含有凝集素，且大部分的加工食品裡面都有。累積在人類體內凝集素的量是前所未有的多，但故事並不是到此為止。

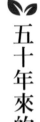

同樣在這五十年間，除草劑、殺蟲劑、藥物、肥料、食品添加物、皮膚保養品，以及其他各種化學物質等，也破壞了人體內在信息傳導系統、消化道以及消化道裡的微生物。身體內過量的化學物質已經鈍化人體處理穀物、豆類和其他含有凝集素的植物的能力。

如同在引言所提出的警告：那些你向來以為的健康和疾病的觀念，將會備受挑戰。這些內容也會顛覆人們原本對於健康食品、好的食物、壞的食物，甚至有機食物的認定。在最基本的層面上，希望你能瞭解，為什麼想要擁有長久健康的未來，就不能忽略過去。

我們現在所吃的食物，跟那些維繫人們世世代代的食物非常不同。請看，在過去短短的五十年間，就已經發生了下列這些劇烈的變化：

- 人們現在所吃的小麥、玉米、黃豆和其他穀物的量比以前多，而且都是加工食品。這些加工食品已經取代沒有處理過的碳水化合物，包括：綠葉蔬菜和其他蔬果。
- 美國43％以上的家庭食物預算是花在外食，而在一九七〇年卻低於26％。
- 人們不在家開伙，而且越來越依賴用微波爐加熱的調理食品（prepared food）、充滿問題的調味料、過度加工食品和外帶餐。
- 人們已經忘記（或忽略）用已經證實為有效的方式，來中和攝取特定含有凝集素食物的負面作用。
- 許多以前熟悉的植物，現在種植時都使用石化肥料，並且基因改造成比較能抗害蟲、更快成熟、減少或完全消除碰傷或破洞的品種。並且為提高產量、方便農產品長距離的輸送，而做了其他的改變。
- 即使我們認為健康的蔬菜，也不是借助土壤裡的細菌種植的，因為這些細菌已經被現代的農業技術和殺菌劑所滅絕。土壤裡面可以預防糖尿病和代謝症候群的鋅和鎂等重要元素，也已經大幅減少。

- 雖然下列這些東西未必跟肥胖和其他健康問題有關係，但是它們本身除了問題重重之外，也會使吃進去的凝集素所帶來的負面作用變得更嚴重。這些東西是：成藥和處方藥、室內芳香劑、洗手液，以及其他許許多多的干擾物。

什麼是健康食物？

由於人們的健康是依賴飲食，因此所選擇的食物、它們的份量，以及所使用的調理技術都息息相關。但，諷刺的是，大部分罹病的患者都已經吃得很「健康」！至少他們是如此認為。剛開始，在為患者所設計的飲食計畫中，我禁絕了麵粉、糖、馬鈴薯和牛奶這一些白色食物（white food），同時限制特定的穀物這類棕色食物（brown food）和豆類。但是，當我之後又拿掉所有穀物和仿穀類，以及豆類，包括：豆腐、毛豆和其他黃豆製品之後，我的患者的症狀更加改善。

似乎我拿掉越多本來以為的健康食物，他們的健康就越得到改善。他們的癌症不是減輕就是消失。是的！你沒有看錯，他們的第二型糖尿病、冠狀動脈疾病、纖維肌痛症（fibromyalgia）和自體免疫疾病也是如此。怎麼會這樣呢？再怎麼說，這些健康食物，我們都已經吃了好幾千年了！還是，我們真的有在吃嗎？

許多食物，包括那些含有凝集素的，都同時具備好的和壞的成分。除此之外，每個人依據他們的健康狀態而對凝集素有不同的耐受度。但是，在大多數的狀況下，消化道壁健康、微生物群，以及微生物對免疫系統所下的指令左右了人體的健康。我發現凝集素就是造成人體裡那些戰爭的原因。

有些食物即使是有機培育，仍然是造成自體免疫疾病的原因。在我的患者身上和科學文獻中的報告皆已證實，避免攝取凝集素可以治癒自體免疫疾病。這些主張可能聽起來很瘋狂，但是，每天在我的診間都發生許多活生生的見證。

某個研究曾經要求二十名罹患類風濕性關節炎的婦女進行清水斷食，在斷食期間，所有人的類風濕性關節炎都消失了，而且當她們在之後採行嚴格的素食，發現半數的人沒有再犯，表示其消化道已經得到醫治。但是，在維持嚴格素食飲食的患者中，另外百分之五十的人依然再度出現類風濕性關節炎的毛病。根據我的研究，發現攝取富含凝集素的「健康」食物，是造成類風濕性關節炎的原因。我們必須重新調整原本對於健康的定義，而且應該限制富含凝集素食物的攝取。

麩質過敏的眞相

麩質是存在小麥、大麥、裸麥和燕麥中的蛋白質，它也是一種凝集素，最近受到極大的關注。攝取上述四種「健康食物」中的任何一種，都會誘發「乳糜瀉」。乳糜瀉是一種危害終生的消化道狀況。有些人會因為對麩質敏感，而發展出許多症狀，包括：腦霧、關節疼痛和發炎。

所有麩質食品裡面都含有凝集素，但並不是所有含有凝集素的食物都含有麩質。只是，幾乎所有穀物和仿穀類都含有類麩質的凝集素。很不幸，在標準的美國飲食中，就含有好幾千種凝集素。更糟糕的是，許多凝集素甚至比麩質還致命。

所謂的無麩質食品實際上充滿了凝集素。這些食品都是由玉米、燕麥、蕎麥、藜麥和其他穀物與仿穀類，以及黃豆和其他豆類植物所製造出來的。這說明了為什麼在我的行醫生涯中，有那麼多人即使不吃大麥、裸麥、燕麥和小麥，卻仍然繼續陷在消化性和其他疾病的困擾中，包括：體重過重或過輕，尤其如果他們吃的是「無麩質」（但不是無凝集素）的食品，更是如此。

事實上，體重增加是吃無麩質食品的一個經常出現的後果。另外一個跟吃無麩質食品有關的議題是：人體基本上都擁有可以吃麩質的細菌，但是如果在飲食中完全禁絕麩質，這些消化麩質的細菌因為缺少食物的供應，就會跟我們說再見。以後如果再接觸到含麩質的食物，這些麩質一定會為帶來問題。

穀物讓體重增加？

一想到麩質，第一個聯想到的非常可能就是小麥。雖然大麥、裸麥，甚至有時候燕麥也含有麩質，但是沒有任何一種穀物像小麥那樣在美國人的飲食中無所不在。一萬年前，因為小麥能夠讓人們體重增加，所以祖先選擇了小麥，而沒有選擇那些比較不會「增加重量」的穀物。小麥可能是人們最喜愛的穀物，但是不論你是否已經被診斷出來罹患消化性疾病，或消化道對小麥不敏感，都請不要把小麥當做朋友。

小麥會讓人上癮，對大腦裡面的作用就像鴉片一樣。你可以耐受它的不良作用，是因為已經對它上癮了。除了它的成癮屬性之外，小麥還會對人體造成另外一個很大的問題——非常積極地讓我們增加體重。

為了把食用公牛或其他動物養肥好宰殺，農夫會餵牠們吃穀物（還有黃豆和其他豆類），再搭配低劑量的抗生素。穀物搭配抗生素在人類身上所產生的作用是一樣的，會讓我們變腫，且是造成人們可怕健康數據的原因。

根據美國疾病管制局（Centers for Disease Control）的資料，美國70.7％的成人過重，而且其中有將近38％的人是肥胖。二十年前，肥胖人口不到20％。悲哀的是，過重已經變成一種新的正常狀態，而此肥胖危機絕大部分可以歸罪於凝集素。

再次提醒：我們並不是只有從直接吃進的穀物中攝取小麥。由於我們以穀物、豆類和抗生素來餵食那些出現在餐桌上的動物，所以有毒的混合物也會進入我們的體內，創造了完美的健康風暴。當我們在自己身上過度使用廣效抗生素時，這個風暴會變得更加危險。

最可惡的穀類凝集素

過去幾年來，麩質已成為營養世界的壞小孩，而羅伯・阿特金博士（Dr. Robert Atkins）、創造「南灘飲食法」（South Beach Diet）的亞瑟・阿格茨頓博士（Dr. Arthur Agatston）、《小麥完全真相（Wheat Belly）》作者威廉・戴維斯博士（Dr. William Davis）和《無麩質飲食，讓你不生病！（Grain Brain）》作者大衛・伯爾瑪特（Dr. David Perlmutter）等人繼續鼓吹大家避開穀物，而且在他們的書中提醒大家注意小麥成癮症，但是他們都只注重小麥裡的麩質。然而，事實上，麩質只是這整個謎團中的一小部分而已。

你已經知道小麥裡面另有一群偷偷摸摸潛藏在小麥裡的惡棍：小麥胚芽凝集素（WGA）。有一點必須要說清楚的是，WGA 潛藏在麥糠裡面，跟麩質沒有關聯，這意謂白麵包雖然含有麩質，卻不含 WGA，而全麥麵包則是雙重災難上身！

跟大部分大分子凝集素比較之下，小麥胚芽凝集素屬於非常小的蛋白質。所以，就算腸黏膜屏障（gut mucosal barrier）堅守崗位，WGA 還是比其他凝集素更容易通過腸道。但是，這只不過是攝取 WGA 的眾多不良作用之一而已。WGA 還會：

1. 行為表現像胰島素，把醣輸送推入脂肪細胞中，而干擾正常的內分泌功能。那些被輸送到脂肪細胞的醣很快就變成脂肪，造成體重的增加並發展出胰島素阻抗的病症。
2. 阻斷醣類，使它無法進入肌肉細胞而創造更多的身體脂肪，並且讓肌肉得不到營養。
3. 介入蛋白質的消化。
4. 釋放讓腸道黏膜內壁變薄的自由基，而造成發炎。
5. 跟其他蛋白質交叉作用，製造會誘發自體免疫反應的抗體。這些抗體跟對麩質反應而產生的抗體不同。
6. 穿越血腦障壁（blood-brain barrier），並且帶著跟它聯結的其他物質（substance），一起進入大腦而造成神經系統的問題。
7. 無差別地殺死正常細胞和癌症細胞。
8. 介入 DNA 的複製。
9. 造成動脈硬化，而動脈硬化是由於動脈裡粥狀硬塊（plaque）累積所致。
10. 透過跟黏膜內壁的唾液酸聯結，從腸道讓流感和其他疾病的病毒進入身體。

11. 造成腎炎（nephritis）或腎臟發炎。

別碰全穀物!!

雖然直到近幾十年來，全穀物才被當作健康食物，但是，在此先來個簡單的歷史回顧。話說好幾千年以前，當碾穀技術進步到可以把小麥和其他穀物上面的纖維除去之後，權貴階級以吃「白」麵包為榮。他們把用全穀物製造的糙米和棕色的全麥麵包下放給農夫吃。碾穀的目標是要精製穀物，好讓消化道容易吸收，而且這也可讓麵包白一點。當然，在那個時候，有錢人並不知道全穀物比去除纖維外殼的穀物，含有更多的凝集素。只是因為白麵包讓他們的腸胃比較好受。

大家都知道糙米比白米健康，但在以米為主食的四十億亞洲人總是脫去糙米的殼，變成白米之後才吃它。蠢嗎？不，他們是非常聰明；因為殼有凝集素，而這些國家好幾千年來都把米去殼再吃。雖然我曾經認為所有白色的穀物都比棕色（全）穀物還不好，但我已改變立場了。

傳統上，中國人、日本人和其他亞洲民族都不受肥胖、心臟疾病、糖尿病和其他美國常見的疾病所苦。我甚至會說，如果你體重過重，那麼非常有可能你是一個相信「全穀物最好」這個迷思的人。讓人感到挫折的是，全穀物產品的復興，使得 WGA 和一票各式各樣凝集素重新進入人們的飲食。

當前對於「全穀物最好」的迷戀，完全跟我們祖先對於穀物的態度相反，不過，這也不是第一次出現。早在一八九四年，內科醫生、同時也是某家療養院負責人的約翰・家樂氏（Dr. John Kellogg）醫生認為，吃全穀物有益健康，因此想盡辦法，讓他的患者吃全穀物。當他的患者拒絕吃全穀物時，他和他的弟弟威爾・凱斯・家樂氏（Will Keith Kellogg）想到一個方法，把全穀物喬裝成別的東西，也就是之後家喻戶曉的家樂氏玉米片。因此，展開了一個所謂的「健康」早餐的變革，也就是冷穀片粥，以及一個高達好幾十億美元的產業因此創立。

那個產業很快地也把小麥當做「完美的」早餐穀片，重新把WGA和一票凝集素引進人們的飲食中。冷穀物粥是非常晚才成為人類的飲食，歐洲人和亞洲人則是直到一九四五年，當美國軍隊在第二次世界大戰駐防海外之後，才開始接觸冷穀物粥的。我有許多從東歐和中東移民來美國的患者，直到一九六〇年代或七〇年代才開始吃冷穀物粥。

對於全穀物的狂熱則是五十年前的嬉皮、時尚飲食主義者（food faddist），以及一些營養學家帶動起來的。現在，全穀物運動已經成為主流，從早餐穀片、麵包到其他被宣傳為健康食品，而且都以誘人的「全穀物最好」字眼行銷。然而，這個趨勢實際上已經傷害了眾人的腸胃，而且開啟了罹患其他健康疾患的大門。我們所攝取的全穀物和精製食物的量越來越多，以至於身體暴露在凝集素的雙重致命傷害中。

你可能有聽過下列的法國悖論（French paradox）：法國人吃法國長棍麵包（用白麵粉做成的）、喝紅酒、享受奶油，卻不會變胖或造成任何不良的健康後果，尤其是心臟疾病，可是美國人卻遭受心臟疾病的侵襲。

在十年前出版的《法國女人不會胖（French Women Don't Get Fat）》一書的作者蜜芮兒・朱里安諾（Mireille Guiliano），在美國出生但在法國成長，現在定居美國。她在這本書中把法國悖論帶到大西洋此岸的美國，透露她一方面享受這些大家認為不健康的食物，但能夠好幾十年來維持苗條身材和良好健康。

而且，法國悖論也有助於性生活。根據統計，法國男性罹患心臟疾病的人數大約只有美國男性的一半，平均比美國男性多活兩年半。但是，法國男人和女人之所以比美國人更能夠保持身材、更少罹患心臟疾患的原因，在於他們沒有攝取WGA。

這也是為什麼那些吃義大利版的白麵包和一小部分由白麵粉製造的義大利麵的義大利人，不會變胖或至少沒有像美國人這麼胖的原因。在義大利，義大利麵是他們的第一道菜，並不是主食。我經常在義大利旅行，研究他們的食物和文化，不過，可惜的是，他們也被美國食物所影響：全麥義大利麵開始出現在觀光客頻繁出現的城市餐廳菜單裡。

Healthy Note

你還在吃消炎止痛藥嗎

WGA 凝集素特別喜歡附著在關節軟骨上，刺激我們的免疫系統，讓它攻擊我們的關節。只要透過藥房買得到的非類固醇消炎止痛藥（nonsteroidal anti-inflammatory drug/NSAID），就可以暫時緩解 WGA 所造成的發炎和疼痛。這些 NSAID 包括：阿斯匹靈（百服靈／Bufferin、Anacin 或 Ecotrin）、布洛芬（ibuprofen）、Motrin 或 Advil、那普洛先鈉鹽（naproxen）、Aleve、Anaprox、Naprelan 和 Naprosyn，或酮洛芬（ketoprofen）、Orudis KT 等❺。內科醫生也可能開立像：Celebrex、Zorvolex、Indocin 或 Feldene 等這些 NSAID 給患者服用。

上述這些藥物雖然可以提供短期的緩解，但是卻會危害人體的腸胃道。葡萄糖胺是身體內會自然產生的物質，環繞在關節周圍、減少衝擊力的液體裡面。它是軟骨的構成分子之一。葡萄糖胺會跟 WGA 聯結，緩解或消除發炎，疼痛因此也消失。

❺各大藥廠所推出的同成分之商品名，除了百服靈大家比較熟悉之外，其餘並沒有一致的中文名稱，所以保留原文。

對許多人而言，服用葡萄糖胺保健食品是有幫助，但並非所有人都有效。它之所以有效的原因並不是因為它能神奇地緩解疼痛，而是因為它會跟腸胃道裡的 WGA 和其他凝集素聯結，使得這些凝集素在進入身體之前就被消除。

為了打破服用 NSAID，以減少 WGA 所引起的副作用之惡性循環，只要把小麥和其他含有凝集素的食物從飲食中拿掉即可。

天然凝集素和人造凝集素

在一九五〇年之前，大多數的人都遵循有機農法，使用排泄物替作物施肥，並且用覆蓋物保護根部和土壤裡的微生物，使其不受嚴寒氣候的威脅。二十世紀中葉，因第二次世界大戰時剩餘的軍需品轉為施肥用的化學肥料，加上冷藏貨櫃火車的發明，祖傳農產品❻（Heirloom Produce）漸漸被各種由種子公司為了滿足商業種植者需求，所開發出的混種農產品所取代。

可以承受長途運送，並且仍然形狀完好的混種蔬菜和水果，即代表不論住在南卡羅萊納州或南達科塔州，全年都可以吃到非當季的農產品。那些可以達到標準的混種農產品因此受到青睞，其他無法通過運送考驗的農產品則被棄如敝屣。

然而，那些通過運送考驗的混種農產品，並沒有歷經數百年才發展出來的可以對抗嚴苛氣候、昆蟲和其他植物掠食者的天然能力，甚至也無法和雜草對抗。因為這些植物缺乏這樣的天然防禦能力，於是，以商業為考量的農夫開始大量倚賴農藥。

接下來，就是讓現代農業更有效率、更獲利的基因改造。在生物工程改造的植物中，凝集素是透過人工植入的。科學家把挑選過的陌生基因植入植物的基本基因組中，以命令該植物製造出可以對抗昆蟲和其他害蟲的特定凝集素。這個就是基因改造有機生命體（GMO）的一種形式。

今天人們所大量攝取的食物裡面所含有的凝集素，不但比祖先們所攝取的蔬菜和水果裡面的凝集素還多，而且非常可能都是基改食品。**請記住，這些水果都是在還沒成熟的時候就被採摘下來，使得裡面的凝集素還沒有被破壞。**最後，讓我再強調一次：**即使所吃的是有機生長的農產品，並不表示你一定適合吃那種植物。**

❻ heirloom produce：非人工培育、本來就有的天然農產品。

凝集素會自然聚集在所有植物的葉子和種子裡面，不論該植物是有機種植或傳統農法種植，皆是如此。這表示雖然可以避免吃到基改食品，卻無法避免吃到凝集素。解決的方法就是，控制所攝取的東西和攝取量。

Healthy Note

毒物激效作用

毫無疑問地，植物會讓人類的身體混亂，但同時，其中所含有的聚合物也有益處。它們的有毒本質可以帶領人體內的免疫系統（出生時從母親傳給胎兒的非特定免疫系統），協助對抗肺炎和細菌等病原體。其他凝集素則是抗微生物的（antimicrobial）。

有一種凝集素可以抑制 HIV 病菌的生長。大蒜、苦瓜和其他香草裡面所含有的凝集素是有治療效果的。研究人員目前正在調查某些凝集素是否可以治療癌症，因為它們會跟細胞壁連結。但若本身對凝集素過敏，那麼凝集素就會引起慢性發炎的事實，抵消了所有防癌作用的益處。

為什麼有些食物可以同時有益又有害？在此，先來認識毒物激效作用（hormesis）。毒物激效作用，是指少量攝取有害的毒物，反而會對人們有益的反應現象。吃進這些食物可以引導免疫系統和細胞，並且給予輕微的壓力，進而提高長壽的機率。

以凝集素而言，些許的毒素可以有保護作用。舉例來說，有苦味的植物警示著只要吃一點點就好，較長壽的民族長久以來都會攝取有苦味的綠色蔬菜和香草。

毒物激效作用是飲食多樣化的理論根據之一。人類會周遊四方，在遠古時代以狩獵和採集維生的祖先，大概會輪流吃二百五十種植物品種。然而現在，大多數的人所吃的植物種類，卻連那個數目的十分之一都不到，這也是我主張人們必須攝取營養補充品的絕佳論據。

麩質大作怪

凝集素中的麩質，就好比有一個人的車子被銀行搶匪挾持，並且成為作案的工具。而它就像車子被搶的人，在食用全穀物是否有益健康的辯論中，只是一個小配角，並不是肇事者。

事實上，那些以麩質為主要蛋白質來源的國家，其國民健康狀況尚可。比如印尼人大量食用的全麥麵筋（seitan）裡面就不含WGA，但是有麩質。對於大部分人而言，完全不吃麩質就好像把嬰兒（蛋白質）跟包巾（麩質）一起丟掉一樣。許多人努力放棄麩質，卻繼續吃那些問題更大的食物，然而那些食物裡面亦含有其他的凝集素。許多人以為，所謂的無麩質食物就是無穀物食物。其實並非如此。

小麥、裸麥和大麥也許沒有列入無麩質食物之列，但是只要看一下成分表，就會知道這些穀物已經被玉米、米或苔麩（teff）所取代，而這幾種都含有非常多種類似麩質的凝集素，包括：玉蜀黍蛋白（zein）、米穀蛋白（oryzenin）、小米蛋白（panicin）、高粱醇溶蛋白（kafirin）和苔麩蛋白（penniseiten）等。這些產品往往也都包含了黃豆或其他豆粉，想當然爾也含有凝集素。同樣地，不同形式的醣也經常出現在這些產品的成分表裡面。

另外一個會讓人誤會，以為吃麵包和其他烘培食品會致使身體產生問題的原因是「麩質過敏」。從一九五〇年代開始，美國的烘培業者用轉麩胺醯酶（transglutaminase）取代酵母做為膨鬆劑（rising agent）。轉麩胺醯酶也是一種聯結劑（binding agent）。當我在美國吃麵包時，總是感覺脹脹的，但是我在歐洲吃那些用酵母發酵的白麵包，卻不會有這樣的反應。那是因為酵母會使小麥裡面的凝集素發酵並破壞。而且，在法國和義大利，他們的麵包都是用傳統的酵母發酵的技術，幾乎所有麵包都是白的，而不是全麥麵包。這些麵包雖然含有麩質，但是已經被酵母消化掉，而且也沒有WGA。

如果跟你說用細菌、酵母和發酵的小麥做成的酸麵包（sourdough），在血糖控制上，一直被視為最安全、最不會構成傷害的麵包，你會不會覺得驚訝？因為細菌和酵母聯手「吃掉」凝集素和大部分的糖！

大部分「無麩質」烘培產品都會添加轉麩醯胺酶，好讓商品看起來蓬鬆一點、賣相更好一點。轉麩醯胺酶也會被用來把絞碎的肉和海鮮（如蟹腳）聯結起來，所以它又叫做肉膠（meat glue）。不幸的是，轉麩胺醯酶可以通過血腦屏障，並且扮演神經傳導物質干擾者的角色，成為造成麩質失調的有害問題（類似帕金森氏症）。然而，轉麩胺醯酶卻是美國 FDA 核可的添加劑，而且並不需要在產品標示上說明。

有一點必須注意，轉麩胺醯酶也會使人們對麩質過敏。這個意思就是，如果自認為本身對麩質敏感，是因為吃了麵包或其他由小麥做成的產品，而產生某些特定症狀，很有可能實際上是對轉麩胺醯酶有反應。

若麵包和早餐穀片等加工食品裡面含有全穀物，就必須添加像二丁基羥基甲苯（butyl hydroxytoluene/BHT）等這些危險的防腐劑，以防止全穀物裡的多元不飽和脂肪氧化。如今可以推測，**雌激素**（**estrogen**）**很可能已經摻入了你每天吃的麵包或早餐穀片裡面。這些油脂存在穀物的微生物裡面**。多元不飽和脂肪與椰子油這類的飽和脂肪不同，它們總是在搜尋氧原子，好跟它聯結，當聯結成功，油脂就會變成腐臭。腐臭的麵包或餅乾的味道，嘗起來就是腐臭。

如果保存期限跟產品製造的日期不同，那麼這個產品必定含有BHT或其他類似的致命防腐劑。有許多理由會讓人想要避免食用BHT，最重要的理由是，當中一個主要的內分泌干擾素（endocrine disruptor），就像雌激素那樣，這會是你不想要小孩吃的東西，因為雌激素會促成脂肪的囤積，也會促成女孩青春期提前，並可能會讓七歲大的男孩有「ㄋㄟㄋㄟ」。此外，BHT除了商業上的用途，亦是用來保存屍體防腐液裡面的成分之一。

現代文明病的禍首

在明白凝集素對於人們會產生不良的健康和多餘的體重之前，我觀察到我的患者健康上有一些特定模式重複出現，也發現他們從我的飲食計畫中獲得益處。所以我把行醫重點轉移到康復醫學（Restorative Medicine）❼。簡單的說，「康復醫學」指的就是可以讓身體自我治療，而不是只有處理疾病的症狀的醫療實務。

許多過重的男患者，都是被他們的老婆又打又叫地拖著來看我。每一位太太都要求好好「修理」她的丈夫。改變習慣是一個團隊遊戲，所以除了對那些老公做各種複雜的血液和基因檢測之外，我通常也會請配偶跟著一起做這些檢測，結果她們也成為我的患者。

我也會在兩方都進行徹底的家族醫療病史調查，結果發現，這些苗條、看起來健康的女人竟有許多跟配偶一樣的健康問題。讓人吃驚的是，許多人都有甲狀腺機能低下的症狀，絕大數是因為罹患了橋本氏甲狀腺炎（Hashimoto's thyroiditis），這是一種被認為原因未明的自體免疫疾病。

她們之中有許多也罹患關節炎。為了緩解疼痛，大都會服用一或多種 NSAID 藥物；絕大部分的人也同時服用胃樂適（Prilosec）、普托平（Prevacid）或耐適恩（Nexium）等胃藥好幾年，有不少人會服用抗憂鬱劑（antidepressant）。另也有骨質疏鬆症、大腸激躁症（irritable bowel disease / IBD）的服藥患者。也就是說，這些看起來健康的女性竟平均服用了七種藥物！

甲狀腺機能減退、關節炎、胃食道逆流、骨質疏鬆、排便問題、憂鬱症等疾病，似乎在這些苗條的女性身上形成了一種模式。我開始尋找其他共通之處。她們都吃什麼？如果你猜「健康」食品，那就答對了！她們都吃全麥義大利麵、加了無脂肪乳酪起士的全麥貝果、蛋白煎蛋，而且吃蔬菜沙拉時，醬料都放在一邊，把脂肪當作瘟疫般無所不用其極地躲避。此外，她們還服用像立普妥（Lipitor）或冠脂妥（Crestor）這類降膽固醇的史他汀（statin）藥物，以降低膽

❼ restorative medicine：有時候又叫做功能醫學『functional medicine』。

固醇值，和一大把用來緩解自認為「正常」的小毛病的藥物。看起來好像吃得越健康，其實就變得越不健康。

那麼，她們的丈夫呢？他們幾乎毫無例外的，都遵循一個現在大家熟悉的模式：使用藥物來降低血壓、胃酸逆流和膽固醇，或緩解關節炎和其他形式的疼痛，還有幫助睡眠。在這些家庭的藥箱裡面一定有一本常用藥典！

當檢測結果出來之後，都會發現特定的發炎指標和免疫細胞啟動的結果，而且相當一致。這些患者們的免疫系統都處於完全攻擊狀態。但是，只要給他們一份在前本書中修正過的兩頁食物清單，並且建議從家裡拿掉某些特定的家用品和個人保養品，就能見證到他們身體的天然自癒能力與發揮作用。

口碑開始傳開。很快地，有類似健康困擾的女性自己來到我的診所，身邊少了魁梧的丈夫。但是，這一次這些女人中有非常多的人不是過重，就是肥胖。許多人的故事大同小異，她們的醫生總是把那些聽起來為不足道的抱怨當作「女人病」，比如：荷爾蒙失調、憂鬱，或焦慮。她們之中大部分的人已經試過所有找得到的飲食法，甚至參加許多減重活動或信誓旦旦地決定要上健身房，但是她們現在的結果卻是：又胖又可悲。

她們跟原本那些苗條的女性患者一樣，服用一堆藥物。之所以來找我的原因，是因為她們知道有地方出錯了，並期待我也能「修理」她們。果然沒錯，我所給出的那份飲食處方一樣把這些人修理好了。

接著，又有其他罹患類風濕性關節炎（rheumatoid arthritis）、紅斑性狼瘡（lupus）、多發性硬化症（multiple sclerosis）等自體免疫疾病，以及淋巴瘤（lymphomas）或多發性骨髓瘤（multiple myelomas）、克隆氏症（Crohn's）和潰瘍性大腸炎（ulcerative colitis）等免疫疾病的患者來找我。隨後，第三期和第四期的癌症患者也接著出現。聽到這裡，你一定很驚訝，然而，不但這些自體免疫和癌症患者有類似的模式，而且大部分人在依照我的飲食清單進食之後，狀況都好轉了。

小東西造就大問題

我是怎麼從患者身上這麼多毛病的模式裡，找出凝集素就是罪魁禍首的呢？

我其實也是繞了一圈才知道的。在三十幾年的行醫生涯中，得到一個結論：**人類健康上的問題，實際上是由非常小的東西**（像凝集素）**所造成的，即便是那些嚴重的健康問題，更是如此**。這是從那些，最早採用我原創飲食計畫的患者身上得到的一個觀察結果，也因此促成這本書的出現。

在要求所有患者都做的檢測中出現了許多模式，這些模式能協助理解人類的健康到底發生了什麼事情。但是，我卻是直到治療一位名叫東尼的患者，才真正經歷到「由里卡時刻」（Eureka Moment）❽。

東尼的身材非常好、精力充沛、幾乎全素食。這個四十出頭的男人採納了我的飲食原則，吃許多綠色蔬菜，而且完全摒除穀物、仿穀類、馬鈴薯、其他澱粉類以及豆類。同時大量減少水果和有種子的蔬菜之攝取。除此之外，也提高魚、甲殼類、魚油、橄欖油、酪梨和夏威夷果仁的攝取量。東尼跟其他所有患者一樣，在開始飲食計畫之後其活力和運動表現很快地都改善了，而且還減輕約四點五公斤。

但是，東尼卻受苦於白斑症（vitiligo）。白斑症患者皮膚的色素會消失，是因為皮膚裡面產生色素的黑色素細胞（melanocyte）逐漸被破壞所致。黑色素細胞是在胚胎發展階段，遷移到皮膚的修飾神經細胞（modified nerve cell）。為什麼這些神經細胞會在罹患白斑症的人體內死去？目前仍然不知道原因，但被懷疑這是一個「自體免疫歷程（autoimmune process）」。

「自體免疫歷程」是形容身體的免疫系統如何被搞混，然後開始攻擊自己細胞的一個專有名詞。罹患自體免疫疾病的人，是因為他們的免疫系統出錯。以東尼而言，就是黑色素細胞被當作外來的入侵者，必須被殺死，以致於他的皮膚上有一塊塊白斑。然而，他的免疫系統在殺死它錯判為外來者的細胞上，其實非常稱職。

身為行醫多年的醫生，我應該算是見怪不怪了，但當親眼見及東尼在開始採用我的飲食計畫之後所發生的狀況，還是非常震驚。短短幾週之內，他皮膚上的色素恢復了！沒錯，他的白斑症消失了，或者更確切的說法是，白斑自己反轉了，而且他的皮膚色素恢復正常了。怎麼會這樣？老實說，我那個時候並不知道怎麼了。只知道這個飲食計畫是能有效對抗發炎的，但仍無法解釋東尼的白斑症如何解決的。

好幾千年以前，醫學之父希波克拉提斯曾經提過身體有醫治自己的能力。他把這個能力叫做「Veriditas」（**綠色生命力量「green life force」**）。他認為醫生的工作，就是在找出哪些力量使得患者無法醫治自己，然後把它們移除。顯然東尼的全新飲食習慣，已經移除了妨礙他身體修復的障礙。就在我的眼前，Veriditas 實現了！

所以，我開始檢視自己的研究，並著重在當外科醫生時所做過的異體移植研究。在這份飲食計畫中有什麼（**或者說沒有什麼**）東西，使得東尼的身體停止攻擊自己的黑色素細胞？究竟是加了什麼東西，或者拿掉了哪個妨礙其身體自我療癒的天然外部力量？根據經驗，我選擇後者：移除外部力量。但是，這個外部力量到底是什麼？

讓我一一解釋給大家聽。大部分百病纏身的人，都相信特定的食物或營養補充品可以抗發

❽ eureka moment：源自希臘文，意思是「我發現了！」

炎或抑制發炎。我在找的則是**實際造成發炎的東西**，也就是，如果希波克拉提斯是對的，那麼並不是我的飲食計畫壓制了東尼身體裡面的發炎，而是移除了發炎的根本肇因，一旦移除了這些肇因，他的身體就不需要藉助任何抗發炎聚合物，而能夠自我療癒。這個看起來非常小的發現，將會大大改變你對於身體運作的認識。

顯然，發炎是造成東尼問題的原因，但這個發炎是從哪裡來的？奇怪的是，我發現發炎的地方是在黑色素細胞本身，因為對免疫系統而言，它們看起來很可疑。東尼的免疫系統之所以攻擊黑色素細胞，是因為它們看起來跟凝集素驚人的相像。但這不是免疫系統本身的錯。所以我的飲食計畫中拿掉了凝集素，也就移除了造成發炎的肇因。

經過好幾億年的演化，植物已經發展出一個製造蛋白質（例如凝集素）的策略，讓這些蛋白質跟它們掠食者的重要結構驚人的相似。當凝集素通過腸道內壁時，它們會啟動免疫系統，而免疫系統會不分青紅皂白地展開攻擊，這意謂免疫系統可能同時射中凝集素和那些跟凝集素很像的自我關鍵結構。

別忘了，**凝集素的原始目的之一，就是促成昆蟲的神經免疫反應，以使該昆蟲癱瘓**。在東尼的例子中，他的黑色素細胞，也就是修飾神經細胞，被誤認為外來者。這是一種識別錯誤，也就是科學家所謂的分子擬態（molecular mimicry）。一旦東尼消除了凝集素，就會回到常態。現在知道凝集素就是造成這個問題的原因。但是，它們是如何從東尼的腸道進入他的身體的？

錯誤的模式比對

模式比對（pattern matching）是從資訊業借用的一個專有名詞，指的是檢序列的項目，以找到某個模式的構成要素的舉動。每一次當你利用Google在網路上蒐尋資訊時，就是在做模式比對。

每敲打一次鍵盤，搜索引擎就會根據所要尋找的東西做模式比對，並且提供比對的結果。輸入的資訊越多，就是希望能夠得到更精確的比對結果。但是，就像你知道的，搜索程式往往比對錯誤。例如，也許為了規劃婚禮而輸入「白色花朵（white flower）」，但是搜索引擎卻跳出來「槍和白麵粉（white flour：英文發音跟white flower一樣）」的搜索內容。

我發現許多女性患者所抱怨的健康毛病和飲食習慣，都有一個令人吃驚的共通模式。我在前本書內容中的所有發現，都指向血液檢驗結果，跟人們所吃的食物一致，尤其是三酸甘油酯和膽固醇值。

這些模式在所有人身上，也都是可以預測的。這個模式遵循簡單的全年當季食物上市時間，可以預測到，身體是處於「夏天預備冬儲脂肪」的狀態，還是處於「燃燒脂肪好過冬」的狀態。

食物的選擇，甚至食物的甜度，都會透過模式比對，並與人體的細胞溝通現在是什麼季節，然後身體就會有所回應——增加體重（夏天）或燃燒脂肪的熱量（冬天）。模式比對是所有不論大小的有機生物體，之所以能夠運作的祕密。透過複雜的血液檢驗，我越來越瞭解模式比對，也更有能力評估它們對患者的作用，進而發現造成最佳和最差的健康狀態的深層原因。

四處巡邏的免疫系統

直到近幾年，我們才知道人體免疫系統使用非常簡單的掃描系統以尋找和比對。在第一章探討凝集素用來愚弄人體免疫系統的三大策略時，就曾有提過。這些掃描器叫做「類鐸受體」，我把它們當作非常迷你的雷達。在人體（和所有動物）裡的所有細胞膜上，都可看到它們的蹤跡。

每個蛋白質，不論是病毒、凝集素或細胞壁，都擁有一個獨特的條碼。在身體裡面和免疫系統中白血球細胞上的「TLR」，一直在搜尋外來的入侵者，這些入侵者主要是細菌和病毒，TLR 會不斷地掃描和「讀取」分子的「指紋」，或所有進入身體裡面蛋白質的條碼，就好像在櫃台結帳讀取每一個購買商品上面的條碼，進行商品辨認並且決定價格。一旦 TLR 確定某個條碼代表朋友或敵人之後，接著就會決定該如何反應，比如是讓該蛋白質通過或提高警覺、發出空襲警報，以提醒身體和免疫系統有入侵。

另外一組受體，它們的行為則很像電腦上的 USB 插槽，負責掃描所有進來的荷爾蒙、酵素和細胞激素，以得知那些荷爾蒙和酵素給細胞的指令為何。這一組的受體叫做 G 蛋白質偶合受體（G-protein coupled receptor），姑且把它們叫做G偵查員。它們在所有細胞上擔任對接端口的角色，好比太空站上的對接端口。當進來的太空梭想要卸下它的貨物和信息時，它的對接機制就必須符合太空站的對接機制。同樣地，只有當一個荷爾蒙或酵素符合受體的對接端口，信息才得以交換。

如果這個溝通系統聽起來很棒，讓我們再來看看生活中習以為常的手機。手機利用來自衛星或手機基地台，發出看不見的電子脈衝來運作。人體的細胞溝通也是以同樣的方式在運作。

換句話說，免疫系統工作就是掃描友善或敵對的模式，然後當它遇到被歸類為外來蛋白質的模式時，就發出警報。接著，再把這個外來蛋白質模式的資料和身體其他部分分享，好讓軍隊可以更快集結，以便對抗敵人。這就是在打流感疫苗時，身體裡面所發生的狀況。

一個從感冒病毒表面取得的外來蛋白質，被注射到手臂裡。免疫系統看到這個蛋白質，讀取它的條碼，發現是外來的，就攻擊它，然後就在白血球細胞上和免疫系統裡製造掃描器，特別把流感蛋白質條碼標示為必須永遠警戒的蛋白質。

倘若真正的流感病毒侵入了你的身體系統，別擔心，身體已經準備好了。那些非常精細微小的雷達**TLR**掃描器，會把這個注射進來的飛彈當作仇敵，並傳送訊息進行警告，接著會架設好飛彈防禦系統，白血球細胞就會像自動導引炸彈般攻擊外來的蛋白質。流感病毒不見了。勝利！

搜尋潛藏的禍首

上述這些掃描器的描述贏得了二〇一一年的諾貝爾醫療獎。一年之後，前述受體（G偵查員）的發現，則得到諾貝爾化學獎。綜合以上兩者，讓我可以把患者身上那些原本看起來完全沒有關聯的問題得以串連起來。

如同前述，所有患者問題的肇因，都在於他們細胞的 TLR 和 G 偵查員都在接收「來自輸入」的訊息，所以皆處於掃描、偵測、開啟警報或者啟動細胞等運作模式。由於人們所吃的食物、藥物和營養補充品裡所含的東西都已經有根本性的改變，因此這些訊息的來源都是五十年前從來沒有出現過的東西。簡單說，你已經被駭了。

這個歷程已經嚴重地傷害了患者的健康，也幾乎可以確定是造成健康問題的罪魁禍首。我可以如此肯定的原因在於，這樣致命的事情是在人們無所感的情形下，於細胞和分子層級發展的，而誘發這些受體的聚合物是如此地微小不可見，以至於似乎不重要。幸好，經由我所執行的發炎荷爾蒙測量和檢測，這幾年來，已經可以追蹤它們。

從患者身上所得到的資訊，幫助我找到免疫系統及其所造成的發炎相關模式。我所發現的事實是：**凝集素和其他外來蛋白質，就是干擾細胞之間溝通的主要因素**。因為凝集素是模仿的大師，它們傳達給細胞的訊息許多都是不正確的，以使患者的TLR警報機制開啟錯誤，或是受體接收到錯誤的訊息。

不論這些患者個別的健康問題為何，共通點就是**信息傳導的干擾，他們的免疫系統所偵測到的模式，已經在每個人的身上引爆了一個免疫系統和荷爾蒙的大爆發**，進而造成健康上致命的傷害。

只要溝通能夠恢復正常，這些狀況就會得以解決。那麼，有什麼解決方法呢？這方法就是，只要把自己的飲食和生活型態做一些簡單的改變就夠了。

致命的辨識錯誤案例

小時候，如果喉嚨痛，父母們可能會擔心你會不會被一個叫做β溶血鏈球菌（β-hemolytic treptococcus），俗稱鏈球菌咽喉炎（strep throat）的病菌所感染。鏈球菌咽喉炎可能會導致風濕熱（rheumatic fever），這是一個非常嚴重的疾病。然而，在風濕熱痊癒之後所發生的風濕性心臟疾病，則是讓心臟外科醫生感興趣的課題。在過去，這是個必須進行心臟瓣膜置換手術（heart-valve replacement）的狀況，因為痊癒者的瓣膜幾乎都會壞掉。而即使你從來沒有罹患過鏈球菌咽喉炎，也有必要知道風濕性心臟病患者的瓣膜如何壞掉。

鏈球菌的細胞壁是由脂肪、糖和蛋白質所構成，並且有獨特的條碼以供辨識。若被這個特定的鏈球菌種感染，體內的免疫系統就會製造掃描器，四處搜尋血管，獵殺擁有同樣條碼的蛋白質。不幸的是，這個條碼看起來跟人體內的瓣膜細胞壁表面非常像。

想像一下，當鏈球菌掃描器漂流到心臟瓣膜，發現它所感應到的竟然是一個鏈球菌條碼時，有多麼驚訝！這個掃描器接著就會傳送信息來攻擊並殺死它。然後，免疫系統都會進入全面攻擊狀態，日復一日，年復一年，安靜地、無痛地攻擊你的心臟瓣膜。最後，瓣膜受損嚴重，以致於停止運作。

當我移除瓣膜時，注意到瓣膜裡面的東西，看起來就像在進行繞道手術時於冠狀動脈裡面所看到的渣滓。這個觀察結果提供了另外一個線索：掃描器因為對象條碼的反應錯亂，造成不合理的攻擊，這也就是造成人們絕大多數的疾病和健康困擾的根本原因。

危險的冒牌貨

每個蛋白質都有一個獨特的條碼，但是如同前面鏈球菌的例子，許多條碼都驚人的類似。在有些植物所刻意設計的凝集素裡，所含有的成分是被人體視為有害的，例如脂多糖（lipopolysaccharide / LPS）。

LPS 是細菌的碎片，是細菌分裂並在腸道裡死亡時，不斷製造出來的東西。它們附著並隱藏在飽和脂肪裡，以穿過腸胃內壁，進入身體。由於免疫系統無法判斷一個完整的細菌和細菌的碎片之間的差異，所以它就把 LPS 當作一個威脅，就好像血液或身體的其他部分真的有細菌感染一樣。

免疫系統接著召喚白血球細胞來攻擊，進而造成發炎。更糟糕的是，那些一直在巡邏外來入侵者的免疫細胞，可能會把凝集素的模式誤認為 LPS 而攻擊它們，以為在你的身體系統裡面散布著一些細菌，結果你的身體就發炎更嚴重。

凝集素最危險的把戲就是，我每天在患者身上都會看到的：它們跟人體許多重要的器官、神經和關節的蛋白質奇異地類似。免疫系統因為警戒心很高，為了不想在保護你的身體上面出任何的差錯，甚至不惜攻擊某些重要的細胞。在抗生素問世之前，如果你的身體裡面有細菌，就麻煩大了，這也是為什麼免疫系統對於任何一丁點可能是細菌的細胞壁，或其他外來蛋白質的東西超級敏感的原因。

我那些風濕病學（rheumatology）的同事把這個反應，叫做「自體免疫疾病」，但是這其實是「隊友誤傷（friendly fire）」。如果某個動物吃了某個含有凝集素的東西而生病、感覺不舒服或沒能存活，牠就馬上會清楚吃了那個特定的植物種子或果實不好。

記住，從植物的觀點來看，一個變弱的敵人是最好的敵人，如果可以讓敵人自己傷害自己，也就更占上風。當植物掠食者用某種免疫反應攻擊自己時，就比較不會去吃那些植物。它也可能減少繁殖，而更確保被掠食植物物種的活命機率。

造成問題的模式

我從患者身上學習到的另一個功課，就是免疫系統對於凝集素的反應程度大小，跟其家族病史和基因有關。在下一章中，將更詳細檢視人們目前的健康危機，尤其是越來越多的肥胖和相關的疾病。

除此之外，也將檢視植物逆襲的方法。由於越來越清楚凝集素模仿其他蛋白質，並且混淆身體信息傳遞的能力，在此先提供，因為運用我的飲食原則與計畫，患者們已解決的健康問題：

- 胃酸逆流或胃灼熱
- 面皰
- 老人斑、皮膚贅瘤
- 過敏
- 圓形禿（alopecia）
- 骨質流失（包括：骨質缺乏症『osteopenia』和骨質疏鬆症『osteoporosis』）
- 腦霧
- 癌症
- 口內潰瘍（canker sores）

- 貧血
- 關節炎
- 氣喘
- 自體免疫疾病（包括：自體免疫甲狀腺疾病、類風濕性關節炎、第一型糖尿病、多發性硬化症、克隆氏、結腸炎和紅斑性狼瘡）
- 憂鬱症
- 糖尿病、糖尿病前症、胰島素阻抗
- 衰竭
- 油脂性糞便（消化不良所致）
- 纖維肌痛症（fibromyalgia）
- 慢性疲勞症候群（chronic fatigue syndrome）
- 大腸瘜肉（colon polyps）
- 抽筋、刺痛、麻木
- 牙齒健康衰退
- 失智症
- 易怒和行為的改變
- 大腸激躁症（irritable bowel syndrome / IBS）
- 免疫球蛋白G、免疫球蛋白M和免疫球蛋白A數量低

• 胃食道逆流疾病（gastroesophageal reflux disease / GERD）、巴瑞特氏食道症（Barrett's esophagus）	• 睪酮素低
	• 白血球細胞數量低
• 胃腸道問題 （腹脹、疼痛、脹氣、便祕、腹瀉）	• 淋巴瘤（lymphomas）、白血病、多發性骨髓瘤（multiple myeloma）
• 頭痛	• 雄性禿（male-pattern baldness）
• 心臟疾病，冠狀動脈疾病、血管疾病	• 記憶喪失（memory loss）
• 高血壓	• 偏頭痛
• 不育、不規則的月經周期、流產	• 帕金森氏症
• 因為吸收不良（malabsorption）所致的營養不足（nutritional deficiency），例如鐵質過少	• 皮疹（skin rash）（包括：皮膚炎、疱疹、濕疹和乾癬）
• 不育、不規則的月經周期、流產	• 不明原因的暈眩或耳鳴的發作

- 多囊性卵巢症候群（polycystic ovary syndrome／PCOS）
- 嬰兒和兒童成長緩慢
- 白斑病
- 體重減少或增加

看到這裡，我知道你可能在想：「這些幾乎是所有的疾病困擾了，一個東西怎麼可能造成上面這些問題？」相信我，十幾年以前，若你跟我說這張表上每個毛病，都是因為攝取凝集素，再加上那些已經入侵體內的化學物質和其他干擾物質所造成的，我也會把這本書丟出窗外。然而，根據在好幾萬名患者身上得到的經驗，證明事實的確如此，而且只要遵照我的指示，就會使你從那些讓感覺不適的毛病中痊癒。

Chapter 3

吃錯了，消化道就慘了！

從前面兩章已經吸收一些複雜又令人吃驚的概念後，請好好思索一下。雖然聽起來會讓人覺得驚異，我即將要講述的所有內容，都是來自全世界知名大學的科學家，在科學期刊上經過審閱才出刊的內容，以及我在自家康復醫學中心（Center for estorative Medicine）所做的研究成果為支持證據。

再次提醒：人們的健康問題，實際上都是由非常非常小的東西所造成的。當開始探索體內消化道之後，你就會明白我在說什麼。

永遠的好朋友

在人體腸道、嘴巴和皮膚上，以及圍繞於四周的空氣中，都活著數以千億、各式各樣的微生物、細菌、病毒、黴菌、真菌、單細胞生物甚至還有蠕蟲。人們在健康上最大的錯誤，就是我們不知道自己到底是誰。

真正的你，或者說「**完整的你**」，**實際上是由你認為是「自己」的這個東西，再加上那些無以計數的微生物。也就是說，在「完整的你」裡面，有百分之九十九的基因都是非人類。**

乍看之下，跟人們共存的眾多生命形式就像一個平行宇宙。但是，你和身上的微生物基本上就是一起在這個生命裡共存，並與它們的健康互相仰賴著。從最基本層面來看，你並不是單獨存在。絕大多數可能都認為，我們擁有所有的掌控權。但體內的微生物可是會大聲抗議。一想到微小的非人類有機生物體或簡單的非生物分子，竟然可以在身上施行如此大的權力時，你也許會感覺嫌惡。但事實的確如此。

試著這麼想：把你和體內的微生物當作一個由好幾千億居民組成的國家，這些居民包括人類和非人類的細胞之類的東西。非人類細胞是合法定居的外國人，以外來工作者的身分，為整個國家執行工作。這些外來者都住在各個小徑旁邊，在我們的皮膚上、消化道（**甚至在消化道的特定「工作區」裡面**）。

這些種類繁多的微生物統稱為「微生物群系」，現今科學家使用「全息微生物群系（holobiome）」這個專有名詞來稱呼。全息微生物群系不只包括腸道裡的微生物，還有在皮膚上，甚至圍繞在每個人周圍空氣中的細菌。無論如何，你都提供了這些微生物餵養與住的地方，而它們也提供服務來回報你。

許多人剛開始比較難接受的是：沒有微生物，我們就不能存活和運作。這個論點是從針對無病菌老鼠（germ-free mice）的實驗結果而得知的。這些實驗也開啟後續，針對宿主有機生物體和其微生物之間的互動相關研究。

在無病菌老鼠的生長實驗環境中，由於沒有任何一個微生物，所以牠們體型較短小，壽命也較短，而且更容易感染疾病，因為牠們的免疫系統從來沒有適當的發展。由此我們知道，好好讓身體的全息微生物群系吃得好又開心，是有多麼重要的事！

辛苦工作的腸胃道

現在，更仔細地來看看在腸胃道裡到底發生什麼事。人體的腸胃道是許多「外來工作者」居住和工作的地方。它們負責碎解和消化植物的細胞壁，並且萃取能量，然後透過轉化成脂肪的方式，把能量運送出去。就跟其他的動物一樣，人們完全依賴這些微生物工人來做這個重要的工作。即使是白蟻也沒有辦法自己「吃」木頭，主要由牠小小的腸胃道裡的細菌負責消化木頭，再轉換成為能量。如果沒有它們，白蟻一樣會挨餓。

這些工人的兩大主要工作，一**是從被宿主吃進來的植物中萃取能量，另外一個則是扮演宿主免疫系統的哨兵**。全息微生物群系裡面有非常多的基因物質（genetic material），有些科學家相信，我們已經把免疫系統許多的盯梢工作都「外包」出去了。現在最盛行的理論是：我們已經把本來自己應該負責的偵測敵友和使敵人轉向的工作，都外包給全息微生物群系了。

這些外來工作者依照物種不同，居住在體內的地方也不同。一般而言，動物有三個地方可以讓牠們的工作者居住和碎解植物性物質。以牛和其他反芻動物而言，就在牠們的胃或多個胃；以大猩猩和其他猿類而言，就是小腸；以人類而言，就是大腸（結腸）。

為了讓大家更瞭解全貌，先上一個小小的解剖課。身體的消化道，從嘴巴一路往下延伸到肛門，就如同一層體內的皮膚。沒錯，人體腸道內的世界，就如同你所看見的外在世界一樣，對你而言，是外面的世界。哇！怎麼可能？如果是在身體內，怎麼可能會是外面的世界呢？

想像一下，一條位於河裡的高速公路隧道，進入這個隧道的汽車，不論是在裡面行進或是出去，都是在河的外面。即使看起來好像是消失在河裡，並且從河的另外一端出來，這些車子實際上卻從來沒有「在」河裡。

所以，同樣地，大部分所吞進去的食物，還有那些「外來工作者」，看起來好像在身體的裡面，實際上卻是在外面，只是它通過你，而你的腸壁扮演邊界圍籬的角色，好把這些外來工作者跟身體的其他部分隔開。

此外，人體的皮膚是好幾兆皮膚菌群（skin flora/微生物）的家。它有兩大功能：一是保護你不受外在世界的傷害，其次是吸收並且擺脫物質。這些工作中較重要的應是第一項。腸壁的內部就是把皮膚翻過來，而且跟你所熟知的皮膚一樣，執行同樣的兩個工作。然而對腸道而言，比較重要的工作卻是**吸收以食物形式進來的物質**。在此要提醒大家的是，盤繞在肚子裡的腸道面積跟一個網球場一樣大！

目前你已明白一個道理，腸道內壁只有一個細胞的厚度。這些細胞透過連接點而聯結，以預防任何「外來者」入侵身體的組織和血液中。其目的在於讓腸道，包括全息微生物群系在內，都保持在外面。如果它們進入體內，世界就大亂了。

Healthy Note

老媽給的禮物

你從母親那裡繼承了人生的第一群蟲蟲。當從產道出來之際，你就接種了她的微生物群，而構成你最初的全息微生物群系。這群蟲蟲是教育你那剛出生的免疫系統和它的細胞的必要工具。

這個教育過程其實在出生之前就已經開始。在乳糖裡生存的乳酸菌（lactobacillus），在正常的情形下，不會住在母親的陰道裡，但它會在懷孕的最後三個月中移居到此處。

若告訴你：*母乳包含了寶寶無法消化的複雜糖分子*（寡糖），卻是對寶寶體內的蟲蟲的健康和生長必要的東西，會不會感到驚訝？

另一個消息是，若沒有從母親那裡接受一組正常的微生物組，你的免疫系統就會無法正常發展。也就是說，如果是剖腹產，就需要花六個月左右的時間，才能建立一組正常的微生物組，和一個發揮功能的免疫系統！

各就各位

由細菌、蠕蟲、單細胞生物、真菌、黴菌和病毒構成重達二公斤的有機生物體，集合起來，就是你的全息微生物群系。它們住在腸道、皮膚，以及周圍的空氣中，並且幫助你構造出一個人的整體。到目前為止，研究人員已經在全息微生物群系裡面，找到一萬個以上不同的有機生物體，而且隨著人類微生物組研究計畫不斷擴大，這個數字也逐年攀升。

為什麼這兩公斤重的微生物跟你有關聯？這麼說好了，全息微生物群系在免疫系統、神經系統和荷爾蒙系統，也就是你的全部家當中扮演一個主要的角色，而且告訴人類細胞在這個「外在」世界中所發生的事情。

在消化道中的微生物組負責消化人體本身無法消化的東西，並且把消化了的食物傳送給你。此外，它們也負責跟肚子裡的有害物質打仗。這些有害物質包括叫做「凝集素」的植物性蛋白質。

腸道應該如何運作

雖然這些構成全息微生物群系的非人類細胞，與身體健康息息相關，但是人類細胞卻認為這些「其他的」細胞是屬於外面的東西。只要微生物組一直都待在圍牆裡面接收信息和營養素，就很不錯。就好像詩人佛洛斯特（Robert Frost）在他知名的《修牆 / Mending all》這首詩裡面所說的：「好圍牆造就好鄰居（Good fences make good neighbors）。」蟲蟲就是你的近鄰，但牠們必須待在圍牆的那一邊，也就是在皮膚和腸壁外面。

讓我用核能發電廠做例子，來幫助你瞭解這個介於微生物組和身體其他部位之間的「圍牆」有多重要。核分裂如果沒有封存，就是原子彈，但是如果妥善分割和管控，就能夠產出無汙染的電力能源。即使輻射線被阻隔在無法穿透的容器裡面，依然非常危險，以至於所有人員都必須配戴輻射線偵測器，這些偵測器就好像掃描器一樣。另有其他的掃描器則置放在主要反應爐外面的周圍。如果偵測到輻射，警報就會響起，表示對健康的威脅迫在眉睫。雖然住在消化道裡的那些微生物中大部分的運作方式，比核電廠的運作規模小太多。但是，腸道內壁就好像核子反應爐的容器，保護你不受腸子裡的東西汙染。

腸道蟲蟲就好像核能，只要乖乖待在腸胃道「外在世界」裡，這些有機生物體就是讓你正常運作的關鍵。不過，事實上，消化道內壁每天都被侵蝕，導致身體的其他部分有數不清的嚴重問題。讓消化道微生物乖乖待在同一個地方就很難，因為消化道屏障有兩個有點互相矛盾的工作。消化道內壁的細胞不但必須阻止凝集素進入，同時也必須讓營養素進來。這個任務很艱鉅。你只有一層緊密聯結的黏膜細胞（腸道細胞），負責防止消化道裡那些不受歡迎的居民逃出來、進入身體裡面。

腸壁該讓什麼東西通過？

只有消化過的微細分子應該通過消化道壁，那些營養素是如何穿過消化道壁的？簡單地說，所有食物都必須碎解成為個別的胺基酸（蛋白質）、脂肪酸（脂肪）和糖分子（醣和澱粉），才能穿越消化道而進入體內。酸、酵素和身體裡那些微生物客居工人為你消化了所有的大分子，而消化出來的這些小小的單一分子，則提供精力和營養素。

你的黏膜細胞接著咬掉這些單一分子的胺基酸、脂肪酸和醣，讓牠們穿過細胞，釋放到緊靠著這些細胞後面的門靜脈（portal vein）或淋巴系統。這些微小的分子不需要突破黏膜細胞緊密聯結而成的「金鐘罩」，就可以進入系統裡面。

當所有運作都正常的時候，大分子依然留在所應該待的外面，因為牠們體積過大，腸壁的細胞「吞」不下去。為什麼？首先，你的黏膜細胞沒辦法咬掉牠們無法咀嚼的東西。其次，如果一切運作正常，大分子不應該穿透黏膜細胞，萬一牠們真的穿透，你的免疫系統就會判定有外來入侵者而發出警報。

腸壁的被破壞

你可能會懷疑，上述系統的運作未必如設想般順利。的確如此，因為現在吃進肚子裡的東西不一樣了，不但食物的種植方式改變，人們也吃進許多止痛劑、成藥，尤其是那些非類固醇抗發炎藥物（NSAID），使得凝集素和脂多醣現在天天都在破壞內臟的障壁。

除了 WGA 之外，其餘的凝集素都是大分子蛋白質，在正常情形下無法穿越腸壁。但是，因為凝集素非常善於撬開腸壁黏膜障壁細胞之間的緊密聯結，這樣的破壞也讓大分子得以進入身體，大肆破壞。當凝集素和脂多醣，都從腸道脫逃進入你的身體時，免疫系統就認定這是攻擊，而變成高度警戒，發出信號，要身體儲存脂肪和備品，以便「作戰」。與此同時，凝集素則跟每一個腸道細胞聯結並設下障礙，讓維生素和其他營養素都無法被吸收。

如果凝集素造成了第82～85頁上所列的所有毛病，為什麼沒有任何醫生告訴你這一點？我唯一的答案是：「除非眼睛開了，否則你看不見！」大部分醫生和營養學家完全沒有留意到凝集素和它們的作用，這也是為什麼他們認為大部分人看起來都可以吃凝集素，而且不會有任何不好的作用。上面這個句子的關鍵字是「看起來」。

請繼續看下去，看看自己的眼睛是否會打開。我也會提供工具，好讓你修護腸壁並恢復健康。請記住：你的身體裡面所進行的大部分狀況都無法透過傳統的方式偵測得知。假設凝集素所造成的傷害並不明顯或無法立即得知，怎麼辦？

我從患者的血液狀況，就能明顯看出傷害正在發生：凝集素或某個看起來很像它們的東西正在穿越黏膜障壁。可是，凝集素應該永遠被阻隔在腸壁外面，為何突然可以穿越腸壁？是什麼東西發生變化了呢？

線索出現了

十二年前，我在當時任職的醫院大廳碰到了病理主任。他說：「嗨，你在成為心臟外科醫生之前，是一般外科醫生，那你知道腸道網（intestinal web）這個東西嗎？」我說我從來沒聽過這個東西。他說他也是，接著告訴我有一名五十歲左右的婦人因為腸阻塞（intestinal obstruction）而緊急開刀。當病理主任打開腸子之後發現組織構成的「網」，好像花園水管上的墊圈那樣一圈圈，幾乎完全塞住整個管壁內部，只留一個針孔大小的通道。病理主任從來沒有看過這樣的東西。

感到好奇的我詢問這些網是從哪裡來的？他那個時候還不知道，但經研究之後，卻發現在那些經常服用非類固醇抗發炎藥物（NSAID）的人身上很常見。這些 NSAID 藥物，包括：安舒疼（Advil）和莫疼（Motril）這兩個品牌的布洛芬（ibuprofen）止痛藥系，或 Aleve、Naprosyn、Mobic、希樂葆（Celebrex）和阿斯匹靈。

除了阿斯匹靈之外，其餘所有藥物都是在一九七〇年代推出的止痛退熱藥，而且是取代阿斯匹靈的關節炎藥物。長期使用阿斯匹靈確實會傷害胃壁，而其他 NSAID 藥物不會傷害胃，所以藥廠大肆宣傳它們的功效。

我問同事的下一個問題是，這些 NSAID 藥物是如何造成腸道網的？他說他不在乎，因為他已經知道那些網是什麼了。但是，因為我的好奇心特別旺盛，我開始研究，結果因此開啟了「潘朵拉的盒子」，並且回不去了。

簡單地說，NSAID 並沒有傷害胃壁，但是會傷害小腸的內壁。胃鏡只能看到胃壁，看不到小腸壁，所以我們看不到牠們的不良作用，以至於讓 NSAID 藥物嚴重傷害了阻擋凝集素和脂多醣進入人體內的障壁。

誰把狗放出來的？

居住在腸道最裡面那層細胞的友善細菌，靠著叫做「果寡糖」（fructooligosaccharides／FOS）的複合抗性澱粉為生。這些益菌不但住在黏液中，也會刺激黏膜細胞製造出更多這種好東西。黏液扮演護城河的角色以捕捉凝集素，並且阻止它們通過腸道障壁。除非你經常在服用NSAID藥物，否則所製造的黏液越多，就越能對抗凝集素。黏液不是只有腸道裡面有，鼻子裡面的鼻涕也是。鼻涕可以捕捉外來的蛋白質，讓它們無法進入你的體內。

在過去五十年來，所出版的無數研究報告中，在在表示**吞下無害的NSAID藥物，就好像吞下一個啟動的手榴彈**。這些藥物炸開由黏膜保護的腸道障壁，結果就是：凝集素、脂多醣和活生生的細菌淹沒了你的堤防破口，使身體充滿外來入侵者。淹沒在這些外來蛋白質和入侵者的免疫系統，就發揮它最擅長的功能：製造**發炎和疼痛**。結果，你卻吃進更多NSAID，變成一個惡性循環，最後只好尋求醫療處方級的止痛藥物。

在下一章，你將會發現那個無害的止痛劑成為藥廠的敲門磚。抗生素、制酸劑，甚至我們所吃的食物裡的改變，都會讓壞菌像NSAID藥物那樣，進入我們的身體並且占地為王。隨著越來越多凝集素、脂多醣、長期使用的NSAID藥物和制酸劑，滲透進入我們的腸道，結果就造成了常見的腸漏症。我本來以為腸漏症只是影響少數人的一個健康狀況，現在我相信**腸漏症**

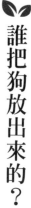

是所有疾病的根源。

雪上加霜的是，攝取全穀物食品和其他使用轉麩胺醯酶烘培食品，甚至包括無麩質食品在內，都會讓腸道滲透更嚴重。好幾百年來，穀物的外殼向來都被去除，所以全穀物食品是非常晚近才加入我們的飲食中，結果就造成了我們健康的新問題。

腸道中的炸彈

接下來的內容，將會粉碎你目前對於免疫疾病的看法。

如果你受苦於克隆氏症、潰瘍性結腸炎、微性結腸炎（microscopic colitis）、甲狀腺功能低下**（或橋本氏甲狀腺炎）**、紅斑性狼瘡、多發性硬化症、類風濕性關節炎、修格連氏症候群（**Sjogren's dyndrom，也就是眼睛和嘴巴都很乾燥**）、硬皮症（scleroderma）、全身性硬化症（systematic sclerosis）、牛皮癬（psoriasis）、雷諾氏症候群（Raynaud's syndrome）、皮肌炎（dermatomyositis）、纖維肌痛症（fibromyalgia）、骨關節炎（osteoarthritis），或是其他任何免疫疾病，告訴你一個好消息：

你完全不需用藥就可以消除這些疾病！答案就在你的腸漏症要得到醫治。

現代研究已經證實希波克拉提斯的信念，上述這些疾病都是從腸道開始的，只要醫治腸道，這些疾病就可以得醫治。過去十年來，我的患者中有50%都有免疫疾病並且得到醫治，甚至痊癒。根據大量的實驗室檢驗結果證據，我現在相信所有免疫疾病都是因胃腸道、細胞和皮膚上的好菌和壞菌消長，以及腸壁、嘴巴和牙齦被滲透的狀況所致。

是什麼原因造成上述三者被滲透的？前面提過，NSAID藥物、抗生素、制酸劑和日日春（Roundup）這類抗微生物劑（biocide）等，都會改變你的腸道菌群（gut flora）。這些每天都在侵蝕腸道障壁，讓凝集素得以進入。各種力量匯聚的結果，就是免疫系統開始攻擊你——這是因為分子擬態所造成的典型的辨識錯誤。分子擬態，則是因為我們的免疫細胞攻擊那些具備凝集素和脂多醣分子模式的細胞及器官上的蛋白質所致。

腸漏症的危害一開始並不明顯，但是當腸壁嚴重受損，使得腸道失去吸收能力時，就會在驗血時發現蛋白質變少而得知。在正常狀況下，腸道就像海綿一樣，可以吸收大量的蛋白質、脂質和糖分，直到不能吸收為止。這就好像抽菸，會在被診斷出罹患肺氣腫（emphysema）或慢性阻塞性肺病（chronic obstructive pulmonary disease／COPD）之前，就已經不知不覺敗壞肺部表面的氧氣交換功能。

同樣地，凝集素可以不動聲色地兇猛攻擊腸道的吸收層。等到傷害變明顯時，就已經來不及修復了。在我的行醫生涯中，經常看到無論吃多少，都無法吸收營養、骨瘦如柴的人。事實上，許多我們以為是老化過程中正常的現象，其實是凝集素中毒的累積作用。但是，這個傷害卻跟COPD不同，是可以被修復的！

戰爭時，一座城市如果被轟炸成廢墟、人民四散逃逸，除非不再轟炸，人民也重回家園，這個城市不可能重新建設。請把凝集素當做炸彈，為了修復它所造成的傷害，你必須停止吃凝集素。

你和腸道好菌的共生關係

消化、消除壞菌和保衛腸道健康只不過是微生物在人體內所做工作的冰山之一角，它們同時也是健康之主要捍衛者。它們是一個複雜的生態系統，而且不斷和大腦及身體的其他部分溝通、傳送和接收信息。早在我們使用電子設備傳送立即信息之前，這些微生物就已經來回傳送信息，以控制我們的荷爾蒙、胃口和食物偏好等功能。

你和微生物在共生關係（symbiotic relationship）中共存，你依賴它們存在，而它們也依賴你才能存活。動物世界裡面有許多這樣的共生關係，例如：鴴鳥這種水鳥會從鱷魚的牙齒裡叼出食物碎屑，牠得到飽腹的食物，鱷魚的牙齒則因此得到清潔，以繼續獵食別的動物；食虱鳥則會停留在大型非洲哺乳動物的背上，幫牠們吃掉惱人的蟲子。

你和全息微生物群系的共生關係也是如此。棲息在皮膚上的微生物會誓死醫治傷口，並且保護你不受其他有害的微生物傷害。那些「好」的微生物之所以有保護動作，是因為你們有一個共生關係：你負責餵食，它們則負責保護。

因此，消化道裡的微生物負責照顧和維持它們的家，甚至還會製造血清素（serotonin）這類會讓人感覺良好的荷爾蒙，以傳遞它們的快樂。不過，如果你改變了這個關係，角色也會隨之改變。

把好菌趕走或讓壞菌進來，就好像讓幫派份子占領了原本環境宜人的社區一樣，它們不會想照顧你，只會爭取自己的好處。它們也會劫持正常消化道居民和大腦之間的溝通系統，讓你渴求其所需要的食物如：糖、脂肪、垃圾食物和速食。這個劫持再度證明，如果你感覺疲倦、不舒服或過重，錯不在你。

這個複雜的系統在正常狀況下，可以讓體內全息微生物群系中的各種居民和細胞互相溝通和共存。雖然聽起來有點怪，但是這些單細胞有機生物體就跟你一樣，是有智慧的存在。只要身體內有好菌、提供它們所需要的，這樣就皆大歡喜，雙方都活得好好的。但是，只要讓壞菌進來，你就會被占領。而且控制了絕大部分的你。在過去短短的五十年間，由於許多因素的大幅改變，造成人體和它的微生物之間正常溝通系統的意外的干擾。

在下一章中，我將會介紹七大致命的干擾物質。就是它們，跟你那已經破損的消化道聯手放行凝集素、脂多醣和其他外來入侵者進入消化道。這也是為什麼，你會覺得跟自己不同步最根本的原因。

Healthy Note

大腦和腸道的信息傳遞

又稱為交感神經系統（sympathetic nervous system）的迷走神經（vagus nerve）是從大腦到消化道之間最大的神經。它負責傳遞命令給身體裡面的各種器官。

根據最近的研究發現，凝集素不但透過血液進入腦部，也會從腸道攀爬迷走神經而進入大腦。從消化道通往大腦的神經纖維數量比每一條從大腦通往心臟、肺臟和腹部器官的神經纖維還多九倍。

人類消化道裡面的神經元比整個脊椎裡面的神經元還多。消化道裡面真的有一個「第二腦」，而這個腦，是由全息微生物群系來控制。所以，迷走神經的存在是為了把消化道的訊息傳遞給大腦，而不是反過來運作。這一點跟大多數醫生在醫學院所學的剛好相反。

恢復腸道的好菌力

你必須先餵養滋補好微生物，自己才會得到滋養。只要好菌占大多數，你的健康應該就不錯，但是只要壞微生物取得主導權，就會有問題。想要恢復健康並且預防疾病，就必須培育正確的微生物組合。必須餵養好微生物生存所需的營養，同時去除糖和其他壞微生物喜歡的食物。

聽起來很簡單，這也是為什麼許多知名的健康專家建議攝取益生菌（probiotics）和發酵食物的原因。但是，即使是好菌也需要待在腸壁裡才能發揮作用。如果腸道裡有好菌，卻服用了非類固醇抗發炎止痛藥、制酸劑或吃下無法消化的凝集素，腸壁就會有破洞。這時有再多的好菌都沒有用！

由於食物供應、成藥和處方藥，以及過去五十年來不知不覺發生的環境因素等變化，我們大部分從祖先遺傳而得的微生物已經被破壞殆盡，使得壞的微生物可以進駐。不論你多麼關心自己的全息微生物群系，一個不爭的事實就是——它已經被干擾了。

許多人之所以無法完全健康的原因，就在於和自己的微生物關係改變了。如果你體重過重，非常可能也是這個原因。體內的微生物不但無法跟你維持共生的關係，更無法提供有價值的訊息。最糟糕的是，它們甚至傳遞錯誤的訊息，就好像占據電腦的病毒一樣，插入新的數據資料，使你的系統容易受到攻擊。

別絕望！只要你瞭解造成健康問題的根本原因，根據這本書所提供的飲食計畫，就能修復受損的消化道，並且恢復身體的健康和活力！

反擊消化道壞蛋

下一章，你將會知道如何辨認、並且避免或消除七大致命的干擾物質，以防止凝集素和其他消化道壞蛋的侵門踏戶。這些干擾物質會改變你和你的消化道微生物，而且它們已經控制你一段時間了。透過所吃的食物、所喝的飲料、所使用的個人照護產品、居家清潔用品，甚至是飲食容器，來餵養你和你的全息微生物群系訊息。

凡此種種，在過去五十年間，已經改變了我們和體內的微生物。讓凝集素穿透我們的消化道障壁，使我們成為免疫系統攻擊的受害者，而且荷爾蒙也受到干擾。

後續章節中，我將告訴大家除了飲食的改變之外，生活型態也必須有所調整。如何透過適當的飲食和營養補充品，以保護和修復消化道。

Chapter 4

七大致命的干擾物質

你應該聽過「溫水煮青蛙」的實驗：把青蛙直接丟入滾燙的水，牠會馬上跳開；但是若把牠丟入溫水，慢慢加熱，牠一開始並不會有感覺，且會乖乖坐在裡面直到被煮熟為止。兩個結果的差異就只是水的溫度變化，青蛙的溫度感應器無法覺察到溫水的變化。

我們就跟青蛙一樣，對於身體的變化也幾乎沒有覺察。所有對健康造成深遠影響的大事，都是從非常小的狀況演變而成的。對身體的每一個負面影響，都會影響健康，乃至使我們渴求不健康的食物，或者需要更多的藥物及醫療處置。

我們已經非常依賴這些產品和醫療處置，它們看起來好像改善了我們的健康和生活水準，但是實際上卻讓我們病得更嚴重、加速死亡。此外，世界上獲得最多資金贊助的醫療系統，也正因為財務重擔而崩潰，而越來越多患者的需求更使得情況雪上加霜。

活得更久，但是不健康

人類整體的健康在近幾十年中大幅改善是個大誤解。之所以有這樣的想法，是因為過去五十年來人類的平均壽命延長了。

在一九六〇年代，美國男人平均壽命是六十六點四歲，但是到了二〇一三年，美國男人平均壽命延長了十歲；至於女人的平均壽命則是從七十三點一歲增加到八十一點一歲。但是你必須明白造成這個數據的主要原因，在於近幾十年來傳染病大幅減少，讓嬰兒和兒童的死亡率大幅降低，使得平均壽命提高。

疫苗的注射也保護年輕人不受致命的痲疹、德國痲疹、腮腺炎、白喉、傷寒、猩紅熱、百日咳、流感……等傳染疾病的傷害。抗生素讓好幾百萬人從本來應致死的疾病中得救，產檢和接生技術的進步，使得嬰兒死亡率大幅減少。在一九三五年，美國每千名兒童中有五十六名活不過第一年，但在二〇〇六年，每千名兒童死亡率已經降低到六名以下。

平均壽命固然重要，但是更重要的是我所說的「健康壽命」（health expectancy）。即使可以活得更久，但是，我們有活得更好嗎？現在大部分人的人生下半場，是一段持續衰退的過程。即使我們宣稱「五十歲就是四十歲」，但是整體而言，我們還是比上一代在同樣年齡時的健康更差。最新的研究顯示，多數人五十歲之後，健康就開始走下坡，遠比想像的還早。然而，除非你警覺心夠高，否則非常可能完全沒有察覺到這樣的衰退。

人所服用的藥物也變多了。我的患者第一次就診時，平均服用七種藥物。一定得要這樣才能活嗎？中國全息微生物群系研究專家趙立平（Liping Zhao）所說的：「平衡膳食、調理菌群、頤養天年、無疾而終（Eat right. Stay fit. Live long. Die quick）。」應該就是大部分人所希望的人生。

美國與全世界比較的結果如何呢？美國人的平均壽命在世界排名第三十五名，日本則排名第二。有趣的是，美國每人每年平均花費八千三百美元在健康照護上，卻只花了兩千兩百美元在食物上。日本則分別花三千三百美元和三千兩百美元在健康照護和食物上。上述數據，代表了什麼？在過去五十年來，我們透過醫療處置、藥物和治療，以人為的方式，有效地提高壽命。失智症患者只要受到良好的照顧，可以活好幾十年，只是，這樣算活得有品質嗎？

身為心臟外科醫生，我已經盡力延長好幾千人的壽命了，所發明的器具也讓心臟手術變得更安全，患者術後的存活率和壽命都更好。現今，罹患第二型糖尿病和其他嚴重疾病的人數以幾何級數增加中。衰老的過程大幅拉長，老人健康照護成本變得非常龐大。我要特別聲明：我並不是在主張當醫療介入延長患者壽命時，應當讓他們結束生命。而是，應該分清楚生活品質和存活壽命之間的不同。

還有一個讓人不解的祕密，那就是有的人就是非常幸運，可以逃過那些殺死許多人的疾病而存活，並且一路活到九十歲。你只要拜訪一下美國移民初期的教堂墓園，看看墓碑就會發現這件事。

暗中作亂的壞傢伙

絕大多數人一定會驚訝地發現自己每天所用、所吃、所喝的東西，那些他人一直表示對健康有益的東西，已經產生問題，以至於完全改變了人體內細胞跟其他細胞的溝通方式，同時也改變了體內細胞和那些構成「別的你（other you）」的有機生物體的溝通方式。這些改變絕大部分都是在最近五十年之間發生的。

有沒有可能你就是那一隻溫水裡的青蛙呢？假設我們每天都被攻擊，但是你卻完全覺察不到攻擊，直到水滾了為止呢？如果你有第82～85頁所列的狀況，那麼，水已經滾了！只是，到底是誰點火的？

我握有非常驚人的證據，可以證明過去五十年左右，至少發生了七個不為人知的變化，已經完全且無可挽回地傷害人類的健康。新型態的食物，甚至新的處理食物的方法和新的健康食品，都影響我們的健康。同時，環境毒素和電子光線已經完全地改變了我們的環境。因為這些干擾物質，使得你不再是「你自己」。

再跟大家複習一下前面提過的全穀物和轉麩胺醯酶這兩種干擾物質。全穀物會直接把凝集素帶入人體腸道，尤其是小麥胚芽凝集素。它們都會讓腸道裡面的脂多醣滲漏至血液中，造成荷爾蒙擬態。而攝取轉麩胺醯酶，則會讓原本不會對麩質敏感的人因此對麩質過敏。

本章裡的七大干擾物質不但嚴重破壞了你的健康，而且也讓你變胖。它們透過所吃的食物、所喝的飲料、所服用的藥物，甚至所使用的飲食容器和健康食品，帶給人體訊息。那個訊息在你不知情的情形下，讓你變成一部無論如何體重都會增加的機器。

干擾物質1：廣效抗生素

過去五、六十年間，我們的文化在健康和疾病的預防上經歷許多重大的變化。不過，醫療的改善是把雙面刃，就像食用蔬果一樣。舉一個雙面刃的典型例子：原本被視為萬靈丹的廣效抗生素。

廣效抗生素是一九六〇年代到一九七〇年代初期發明的藥物，它可以同時殺死多種菌株的細菌。這些廣效抗生素讓醫生可以地毯式地轟炸某個感染區域，不需要擔心到底哪個細菌才是罪魁禍首。醫生愛死這些抗生素的效力了。它們也的確把許多人從肺炎和敗血症……等病中救出，所以我們經常使用它們，即使當我們認為只有一種細菌是致病原因，且這種細菌是抗生素殺不死的，我們還是會用抗生素。

可是，我們卻不知道我們使用廣效抗生素時，同時也在地毯式轟炸自己。這件事是怎麼發生的？

每當你服用廣效抗生素來治療尿道感染或其他感染時，就殺死了腸道裡面大多數的微生物。更讓人震驚的一點是，它們必須花兩年的時間，才會重返腸道。許多微生物可能甚至因此一去不回。最糟糕的是，每一次當孩子服用抗生素，他／她罹患克隆氏症、糖尿病、肥胖或年紀稍長之後的氣喘的可能性就增加。

我們現在比以前更瞭解細菌。許多以前認為是壞菌的，現在被認為是好菌。不妨把你體內的全息微生物群系想像成一座茂密的熱帶雨林，它是一個非常複雜的生態系統，裡面的任何一個物種都必須仰賴其他好幾種不同的物種才能存活。現在，想像你不小心放了一把火燒了那座雨林。即使馬上重新播種，種下樹和植物——就像人們設法重新在他們的腸道裡種下益生菌一樣，你真的認為幾個星期之後，就會有一座茂密的雨林誕生嗎？

現在，想像一下每次當體內的雨林開始生長，你就放火燒它，就如同當你因為感冒咳不停而服用廣效抗生素，那結果是怎麼樣？一個本來應該會茂盛青翠的森林卻一再地被放火燒掉。請不要誤會，標靶抗生素可以拯救生命；但是除非危及生命，否則不要輕易服用廣效抗生素。

而且，我們不是只從醫生所開的處方藥裡攝取抗生素。美國幾乎所有的雞肉和牛肉，都含有足量的抗生素，那些在腸道裡面的抗生素，一樣無差別地殺死友善的細菌。不久之前，在美國餵食有機放養的雞砒霜是合法的，因為砒霜可以讓雞產生「健康」的粉嫩色澤。等一下，砒霜不是毒藥嗎？沒錯。它除了是毒藥和抗生素之外，也是一種可以擬態雌激素活動的荷爾蒙干擾物質。

美國馬里蘭州曾經禁止在雞隻飼料中添加砒霜，但是這個法令卻被砒霜製造大廠孟山都（Monsanto）運用大量資金遊說議員而沒有通過。不過，這個禁令法案最近通過了，而且在二〇一三年，美國食品藥物署（FDA）禁止在全美國使用四種砒霜中的三種。可是，第四種硝苯砷酸（nitarsone）仍然除外。

在這本書於二〇一七年付印之際，FDA即將禁止使用它。除此之外，黃豆和玉米也是雞的飼料，兩者也含有類雌激素的物質。結果，那一片號稱「健康」的雞胸肉裡面，所含有的雌激素相當於一顆避孕藥裡面的含量。

抗生素讓你變胖

一九七〇年代我就讀醫學院的時候，一種在結腸被發現、不是很受關注的困難梭菌（Clostridium difficile）突然奪走許多人的生命。原因是廣效抗生素問世，殺死了體內腸道裡的各種微生物，包括對人體有保護力的微生物在內。當好人被趕走，像困難梭菌這類壞蛋就占領了結腸。我們應該明白，地毯式轟炸就是會產生這樣的後果，何況今天已經出現了這些抗生素殺不死的超級細菌，使得人的生命遭受威脅。如果抗生素越來越無法對抗病菌，後果將不堪設想。

最近，因為大量使用幫助家禽免於致病性大腸桿菌（E. coli），以及跟呼吸系統疾病有關的細菌感染的抗生素——拜有利（Baytril），已經使得部分服用速博新（Cipro，拜有利的姊妹藥）以對抗細菌感染的人，抗藥性變高。FDA已經承認，人類身上的抗藥性令人不安。但是，火雞養殖者不會只針對生病的火雞餵食拜有利，而會在所有火雞的食用水中都投藥。而且，有問題的不是只有拜有利而已，它只是氟諾酮類（fluoroquinolones）強效抗生素裡的其中一個例子。

FDA、醫生和消費者團體都很在意拜有利在動物上的大量使用，已經造成人類對速博新的抗藥性。速博新是用來治療沙門桿菌（salmonella）、曲狀桿菌（campylobacter）、炭疽病（anthrax）和其他食物中毒（food-borne disease）之藥物。這意謂如果有人不小心吃了烹煮不當或含有細菌的肉類，可能會對速博新沒有反應。事實上，在我所任職的醫院泌尿科團隊發現，至少百分之五十尿道感染的女性體內，都含有對速博新有抗藥性的細菌。

廣效抗生素可以讓豬、雞和其他動物長得更快、更大、更肥。如果它們對動物有作用，當然也會對人類有作用。孕婦在孕期中只要服用一劑抗生素，就會讓她的孩子變胖；只要給一個孩子服用一個療程的抗生素，就可能會造成他們肥胖。這些抗生素會改變負責跟免疫系統溝通的腸道菌群，讓身體進入作戰狀態，並提高脂肪的儲存量，好讓體內的免疫細胞有足夠的燃料來跟這些入侵者作戰。而一個正在服用廣效抗生素的人，如果攝取了殘留在動物的肉和奶裡面的抗生素，就會讓抗生素的作用更加擴大。

干擾物質2：非類固醇抗發炎藥物（NSAID）

布洛芬（安舒疼和莫疼）、萘普生、希樂葆、骨敏捷（Mobic）……等非類固醇抗發炎藥物在一九七〇年代初期問世，主要作為阿斯匹靈的替代藥物，因為阿斯匹靈會傷害胃壁。但是，我們現在知道NSAID藥物會傷害小腸和結腸的黏膜壁，讓凝集素、脂多醣和其他外來物質可以通過腸壁，在身體內引起大戰。越來越嚴重的發炎最後以致疼痛，就是這場戰爭已經啟動的證明。而且，你越痛就會服用越多的NSAID藥物。

事實上，藥廠知道它的嚴重性，但是因為過去胃鏡無法照到小腸，所以醫生沒有辦法看到小腸裡的傷害。直到膠囊內視鏡（camera pill）的發明，我們才知道小腸所受到的傷害，可是那時NSAID藥物已經非常普及。

還記得前面提到的那個小腸糾結成網的可憐女人嗎？NSAID藥物已經破壞了她的腸道內壁，使得腸道結滿了傷疤。這讓更多的入侵者進入她的身體，形成一個惡性循環：越多脂多醣從腸道逃逸進入她的體內，她就越痛；越痛，就服用越多NSAID藥物，直到最後不得不服用醫生開立的止痛處方藥。

NSAID藥物是藥房最暢銷的藥品，卻也是對健康危害最大的藥物。記住：吞下一顆安舒疼（NASID的其中一種），就好像吞下一顆手榴彈。還有，安舒疼這類藥物的先驅物質（precursor）布洛芬和萘普生在一九七〇年問世時，是被歸類為危險藥品，必須醫生處方箋才能購買，現在卻不是這麼一回事。

干擾物質3：胃酸抑制劑

提醒大家無論如何，都不要服用善胃得（Zantac）、胃樂適、耐適恩和保衛康（Protonix）等制酸劑。這些藥物大部分都是氫離子幫浦抑制劑（proton pump inhibitor/PPI），會減少胃酸的分泌量。但是，胃酸在我們的健康中，其實扮演一個重要的功能。

由於胃酸的酸性很強，只有少數重要的細菌可以在裡面存活，因此，許多吞下肚的壞菌就會在胃裡被胃酸殺死。胃酸在正常狀況下會透過一個叫做酸梯度（acid gradient）的歷程，把細菌禁閉在大腸裡面。也就是，當胃的內容物往下移到腸道時，越來越多來自膽汁和胰臟的鹼性液體，會把胃酸的酸度稀釋，但等到食物抵達結腸時，這個酸才完全被稀釋掉。我們體內微生物居住的結腸是一個沒有氧氣、低酸性的環境，而細菌也住在這裡。

問題來了，因為沒有胃酸可以殺死「壞」菌，所以這些致病的細菌就會大量增長，甚至改變正常的腸道菌群。而且，因為沒有胃酸，所以壞菌、甚至好菌都可以輕易地往上爬，離開它們本來應該居住的地方，進入它們不應該出現的小腸。結果不是干擾腸道障壁造成所謂的腸漏症，就是造成一個叫做「小腸細菌過度增長（small intestine bacterial overweight /SIBO）」的疾病。

一旦脂多醣和凝集素進入它們不應該出現的小腸，它們就可以輕易地進入循環系統。而這會刺激身體的免疫系統，以對抗來自脂多醣和凝集素的威脅，結果就造成發炎。接著，因為身體為了讓白血球有燃料可以跟敵人作戰，需要儲存脂肪，就會造成體重增加。**像胃樂適這些氫離子幫浦抑制劑（PPI）藥物，不僅會干擾胃酸的正常運作，使得胃酸停止分泌之外，也會破壞粒腺體使用自己的氫離子幫浦在細胞裡製造能量的能力**。這些 **PPI 藥物穿透了血腦屏障，毒害了大腦裡面的粒腺體**。

一項針對七萬四千名年齡介於七十五歲以上，曾經服用過 **PPI** 藥物的長者研究顯示：這些人中罹患失智症的比例，比同年齡沒有服用過 **PPI** 的人，高了44%。其他研究也認為 **PPI** 藥物跟慢性腎臟疾病有關聯。

為了多吃一片義大利臘腸披薩，我們已經有系統地毒害細胞裡負責製造能量的器官。因為有這些風險，所有此類的成藥和處方藥上都有警語，提醒我們不可連續服用超過兩週以上。但是，多年來，許多人已經習慣服用這些藥物，結果嚴重傷害健康。當這些制酸劑在一九八〇年代推出時，它們可是被視為危險藥物，必須有醫生的處方箋才能購買。

服用制酸劑也會使應該被胃酸殺死、對免疫系統而言非常陌生的微生物，在正常微生物居住的器官裡生長。服用制酸劑的人罹患肺炎的機率，比沒有服用這類藥物的人高三倍；而肺炎就是由這些外來細菌造成的。此外，制酸劑也會使蛋白質無法完全被消化；由於凝集素是蛋白質，所以制酸劑會讓更多凝集素可以進入腸道。

最後，由於蛋白質必須靠胃酸碎解成為胺基酸，才能被吸收，我們已經使得一個世代的年長者的蛋白質吸收不良。這並不是因為他們吃的蛋白質不夠多，而是因為他們沒有可以消化蛋白質的胃酸！

如果蛋白質無法被碎解、被身體吸收，就會讓肌肉流失，也就是所謂的肌少症（sarcopenia）——這是老人的一大健康危機。事實上，大部分因為缺乏蛋白質而住院的患者，不分年齡大小，都不是因為他們吃的蛋白質不夠多，而是因為他們無法把蛋白質轉換成為可以吸收的胺基酸。原因就在於他們經常服用 **PPI** 藥物。

Healthy Note

藥品特洛伊木馬

我把致命的干擾物質叫做「特洛伊木馬」，因為有問題的凝集素，就跟藏在木馬裡面、讓人無法覺察的軍隊一樣，隱身在許多食物裡面。此外，在非常蔬果飲食法中禁止吃的食物，也都是特洛伊木馬。除了廣效抗生素（請先徵求醫師的同意），也不要吃其他致命的干擾物質，用中性的物質來取代。

• **不良止痛藥**：布洛芬類藥物或 Advil、Aleve、Naprosyn、Celebrex、Mobi 和其他

非類固醇類抗發炎藥物。

- **友善替代品**：Boswellia 或白柳樹皮。
- **不良制酸劑**：Zantac、Prilosec（奧美拉唑）、Protonix、Nexium 和 Imeprazole。
- **友善替代品**：低糖的碳酸鈣藥物 Rolaids 或者是咀嚼甘草片。
- **不良安眠藥**：Ambien、Restoril、Lunesta 和 Xanax。
- **友善替代品**：我最喜歡的安眠組合，是旭福超級褪黑激素（Schiff Melatonin Ultra），或者可以購買長效緩釋型褪黑激素，並在睡前服用三到六毫克。

干擾物質 4：人工甜味劑

蔗糖素（sucralose）、糖精（saccharin）、阿斯巴甜（aspartame）和其他非營養素的人工甜味劑，會改變腸道的全息微生物菌群，殺死好菌，並讓壞菌過度生長。根據杜克大學的研究，只要一包 Splenda 蔗糖素，就可以殺死50%正常的腸道菌群。而且，只要壞菌占領腸道，人就會變胖，因為這是身體為了確保作戰物資供應無虞的一個防禦機制。諷刺的是，這些產品本來是號稱有助控制體重的，可是效果卻剛好相反。

此外，甜味原本的目的，是提醒身體要儲存脂肪以過冬的一個信號。我們的祖先過去只能從夏天熟成的水果和偶爾嘗到的蜂蜜，才能吃到有甜味的食物；但是現在，我們卻一年四季都有水果和甜食可以吃，使得我們隨時都可以吃到天然或人造的糖。

事實上，人類舌頭表面的三分之二都是品嘗甜味的味蕾。這些味蕾是為了讓我們的祖先可以吃到高熱量的水果或蜂蜜而存在的。味蕾並不是真的在「品嘗」糖，而是糖分子或其他甜味物質，附著於它們的受體之後，它們才品嘗到「甜味」。舌頭上的神經再把這個「甜味」訊息，傳送到大腦酬賞中心的愉悅感受體。最後，酬賞中心會催促我們取得更多有甜味的食物，因為我們必須為食物稀少的冬天未雨綢繆。

問題在甜味、不是糖

人工或天然無熱量的甜味劑有一個問題，就是會讓身體無法區分有熱量的糖、天然甜味劑和無熱量甜味劑。原因是無熱量甜味劑的分子結構，剛好適合味蕾上的糖分接收端口，跟真正的糖一樣引起大腦相同的愉悅信號。

接著，當真正的糖（葡萄糖）沒有抵達血管，而且大腦的葡萄糖受體也沒有偵測到葡萄糖的蹤跡，大腦就會覺得被欺騙。它「知道」你正在吃糖，因為它「嘗」到了糖，可是糖卻沒有真正送達血管。所以，這整個過程會促使人想要吃更多甜食。這也是為什麼即使喝了八瓶低卡可樂，還是想要吃甜食的原因。大量的研究已經證實沒有營養價值的甜味劑，不但不能幫助控制體重，反而會讓人體重增加。

傾聽你的內在時鐘

沒有營養價值的甜味劑和甜味，也是內分泌的干擾物質。它會干擾身體的生理時鐘，而生理時鐘被干擾會使體重增加。為什麼會這樣？因為所有細胞的運作都遵循一個生理時鐘，甚至我們體內還有一個時鐘基因。所有曾經跨時區旅行的人都知道時差是怎麼一回事；之所以會有時差，是因為生理時鐘被打亂了。幾乎所有身體的功能都依照生理時鐘在運作，甚至全息微生物菌群也有生理時鐘。

除了二十四小時的時鐘之外，還有月循環時鐘（moon cycle clock）和季節性時鐘（seasonal clock）。這些季節性時鐘不但受白晝時間長短的控制，也會受到季節性食物供應的影響。在不太久之前，人類並不是一整年都可以吃到甜味食物，而是只有在水果成熟的季節、食物有限的冬天之前才吃得到。不論冬天的氣候如何，冬天的食物總是比夏天的食物少。

所以，如果人全年都可以吃甜食，即使是來自水果的天然糖分，都會干擾了這個從古以來的季節時鐘，而使得體重不斷增加。之後，我將會說明全年都可以吃到水果是造成肥胖的一個非常大的因素。

Healthy Note

人工甜味劑特洛伊木馬

• **健康的敵人**：所有人工甜味劑，尤其是糖精（Sweet'n Low、Sweet Twin 和 Necta Sweet）、阿斯巴甜（Equal 和 NutraSweet）、乙磺胺酸鉀（acesulfame K）、蔗糖素（Splenda）和紐甜（neotame）都不好。同時也要避免軟性飲料和運動飲料，含有人工甜味劑的健康棒或蛋白質棒，以及所有形式的糖，包括：玉米、龍舌蘭糖漿（agave syrup），或純蔗糖。此外，所有含有這些甜味劑的精緻食物，也在禁止之列。

• **友善替代品**：甜菊（含有菊糖）、Just Like Sugar（以菊苣根為原料）、木糖醇或赤藻糖醇等糖醇（sugar alcohol）、雪蓮果糖漿（yacon syrup）和菊糖。所有替代糖都必須適量使用，尤其是糖醇類，因為它們會造成脹氣和腹瀉。

• **提醒**：所有甜味，即使是來自甜菊，都會刺激胰島素分泌，讓你想要吃更多。

干擾物質 5：內分泌干擾物質

它們又叫「荷爾蒙干擾物質」，是低劑量類雌激素的作用物，範圍非常廣泛。包括：大部分塑膠製品、有香味的化妝品、防腐劑、防曬劑、收銀機發票、二氯二苯三氯乙烷（dichlorodi phenyltrichloroethane，也就是DDT）殺蟲劑的代謝產物雙對氯苯基二氯乙烯（dichlorodiphenyl dichloroethylene/DDE），以及多氯聯苯（polychlorinated biphenyl / PCB）……等含有的化學物質都是。

上述所有東西都不斷地殘害我們的荷爾蒙。根據內分泌學會（Endocrine Society）針對內分泌干擾物質的第二份報告指出：暴露在這些作用物之下，會在許多層面對人體，以及實驗中使用的動物（和牠們的後代）造成影響，而且有些影響可能多年之後才會顯現。這些問題包括：

- 肥胖、糖尿病和其他代謝疾病
- 女性和男性的生育
- 跟荷爾蒙失調有關的女性癌症
- 攝護腺問題
- 甲狀腺問題
- 妨礙大腦和神經內分泌系統的發育

問題重重的防腐劑

這些防腐劑主要是用來保存或穩定食物，最經典的就是加工食品裡面的二丁基羥基甲苯

（butyl hydroxytoluene / BHT），全穀物食品裡面也會使用它。隨著「健康的」全穀物食品盛行，為了讓穀糠裡面的 omega-6 不飽和脂肪酸不會氧化餿掉，就必須添加像 BHT 這樣的穩定劑。

雙酚 A（bisphenol A / BPA）是用在輕量塑膠寶特瓶裡的化學物質，好讓瓶身變硬，同時也用在大部分罐頭食品瓶身邊緣，以防止金屬腐蝕和內容物受汙染。化妝品和防曬劑裡面的對羥基苯甲酸酯（parabens）也扮演類似功能。對羥基苯甲酸甲酯（methylparaben）是一個類雌激素的聚合物，同時也是一大過敏原，通常用在保存藥水的多功能瓶子上。如果你拔牙的時候，對普魯卡因（novacaine）這種局部麻醉劑過敏，其實你可能是對瓶子成分裡的對羥基苯甲酸甲酯過敏。

最近研究顯示合成的食物防腐劑三級丁氫醌（tert-butylhydroquinone / tBHQ）可能是造成食物過敏人數增加的原因之一。許多加工食品裡面都會添加它，包括：麵包、鬆餅、餅乾和其他烘培食品、堅果和烹飪用油。食物裡如果添加 tBHQ，並不需要在標籤上列出。攝取 tBHQ 會刺激在免疫系統裡扮演重要角色的T細胞，使它釋放蛋白質，激發針對小麥、牛奶、雞蛋、堅果和甲殼類海鮮的過敏反應。在正常狀況下，T細胞會釋放細胞激素（cytokine）以保護身體不被入侵，但是 tBHQ 卻會限制T細胞的正常運作。

你可能已經知道殺菌洗手液、肥皂、除臭劑、牙膏和無數個人清潔用品裡所含的三氯沙（triclosan）會破壞嘴巴、腸道和皮膚上的「好」微生物。但是，你可能不知道它們也會改變腸道菌群，並表現得像雌激素而促使肥胖。

我們身上這些地方，包括嘴巴在內，都需要有正常的微生物。嘴巴裡面這些好微生物負責把你呼出來的聚合物，轉換成一個可以有效擴充血管、促進正常血壓的化學物質。而會殺死嘴巴細菌、讓人口氣清新的漱口水，則會讓人體的血壓大幅升高。如果你有在使用漱口水，但同時又有在服用降血壓藥，那趕快丟掉你的漱口水吧！殺菌洗手液和牙膏裡的三氯沙也會造成膀胱癌，並且會刺激癌前期細胞（precancerous cell）滲透到身體其他部位。

下一次你到超市時，離這些東西遠一點，這樣才不會受傷，尤其是體內的腸道微生物。

維生素D的流失

防曬霜妨礙了維生素D的吸收。但是所有上述討論的聚合物，不論是在防曬霜還是其他產品中，都會降低肝臟把重要的維生素D轉換成為活躍形式的能力，而使得有保護作用的腸道障壁無法生成新的細胞，以致更多的凝集素、脂多醣和外來入侵者進入人體。

罹患攝護腺癌的男性體內的維生素D含量都非常低。我發現我的患者中，80%的人血液中維生素D的含量都很低。事實上，我所治療過的腸漏症或自體免疫疾病患者，體內的維生素D含量也非常低。缺乏維生素D，而且腸壁不斷被攻擊，卻又沒有辦法修復腸道，使其不受凝集素和脂多醣的攻擊，使得身體一直感知自己處於戰爭狀態。

所以，也難怪我大部分過重和肥胖的患者體內也非常缺乏維生素D。缺乏維生素D也會妨礙新骨頭的生成，導致骨質缺乏症。我那些罹患骨質缺乏症和骨質疏鬆症的苗條女性患者，體內的維生素D含量也很少。

儲存脂肪的荷爾蒙

大部分荷爾蒙干擾物質都會模仿雌激素的行為，雌激素主要的功能是告訴細胞要儲存脂肪，以為懷孕做準備。現在，因為環境中的荷爾蒙干擾物質，讓我們一年三百六十五天，不論年齡或性別，都在儲存脂肪，以預備懷孕。難怪有八歲的小女生就已經進入青春期！也難怪有些男人會有胸乳，還有一個看起來好像快要生了的肚子！

正常的荷爾蒙在跟受體脫鉤之後就離開，但是類雌激素的聚合物卻會附著在受體上，而且永遠讓它開機，干擾正常的信息傳遞。這些微小的類雌激素聚合物日積月累的影響，會造成比一般荷爾蒙還大的效果。加拿大和歐洲禁止使用BPA，但是美國在二〇一五年一場迫使FDA禁止BPA的官司中輸了，因為反對該法案的美國化學協會（American Chemical Council）大量金援議會的遊說工作。

可怕的鄰苯二甲酸酯

早在二十世紀初就問世的鄰苯二甲酸酯（phthalate）這類合成聚合物到處可見。它們可以軟化塑膠，例如：壁紙、塑膠地板、洗碗用的手套、包裝肉類和魚類的盤子、包覆剩菜的保鮮膜，甚至孩子的玩具裡面，凡此種種，都有它們的蹤跡。

因為塑膠包裝紙和塑膠容器，使得鄰苯二甲酸酯在我們的食物裡無所不在。鄰苯二甲酸酯也可以當作溶劑，所以髮膠、潤滑劑、驅蟲劑，還有成千上萬的家用品和個人用品裡面都有它們。在鄰苯二甲酸酯家族中有幾個常見的化學物質，包括：鄰苯二甲酸二環己酯（dicyclohexyl phthalate / DCHP）、鄰苯二甲酸二酯（di-2-ethylhexyl phthalate / DEHP）、鄰苯二甲酸二正辛酯（di-n-octyl phathalate / DnOP）和雙酚S（bisphenol S / BPS）。

在動物和人類的研究中都已經證實鄰苯二甲酸酯會干擾荷爾蒙，包括使老鼠的睪丸變小。男人尿液裡面如果出現高濃度的鄰苯二甲酸酯代謝物，代表精子裡的DNA已經受到傷害。年幼時如果暴露在這些化學物質，可能會讓女性胸部過早發育。嬰兒的臍帶如果接觸較多量的鄰苯二甲酸酯，就比較容易早產。這些聚合物是主要的荷爾蒙干擾物質，牢牢鎖在胎兒、兒童和你我大腦的雌激素受體上。它們也會永久附著在細胞的甲狀腺荷爾蒙受體上，使得真正的甲狀腺荷爾蒙無法傳遞信息。

歐洲、加拿大，中國和美國都已經進行研究，以調查這個化學物質家族在他們食物供應中所占的比例。美國在二〇一三年，以紐約人口為調查對象，發現在人類食物中主要的鄰苯二甲酸酯的來源，依序為：穀物、牛肉、豬肉、雞肉和乳製品。

所以，如果你經常覺得疲勞、肥胖、頭髮稀少，但甲狀腺又運作正常，那麼，你有可能一直在製造甲狀腺荷爾蒙卻無法送到細胞那裡，因為被鄰苯二甲酸酯擋在中間。在非常蔬果飲食法中，這些富含磷苯二甲酸酯的「健康食物」將會被刪除或嚴格限制。

食物裡的砒霜

前面提到在雞肉裡面所含的砒霜不但是抗生素，而且還是毒藥和荷爾蒙干擾物質。雞肉已經成為美國人的標準日常飲食，幾乎取代了牛肉、羊肉、豬肉和其他肉類。但是懷孕婦女攝取的雞肉越多，她腹中男寶寶的陰莖就越小，而且注意力集中的時間也越短。

砒霜和鄰苯二甲酸酯的汙染，也會影響這個男孩喜愛的玩具和行為表現。根據對老鼠的研究，得知雞肉吃得越多，就會吸收越多砒霜和鄰苯二甲酸酯，讓男寶寶的大腦更多接觸到媽媽子宮裡的雌激素模仿物，而影響了他之後的性別印記（sexual imprinting）和性別認同（sexual identity）。

又一個不要吃麵包的理由

你想要吃瑜伽墊嗎？偶氮甲氧醯胺（azodicarbonamide）是一種荷爾蒙干擾物質，也是製造下列物品時會使用的發泡劑：人工合成皮製品、地毯底層墊和瑜伽墊，同時也用來漂白麵粉和發麵糰。大部分速食連鎖，包括：溫蒂漢堡、麥當勞、漢堡王……等，都會在部分或全部麵包商品裡面使用它。

歐洲和澳洲已經禁止在麵包裡使用偶氮二氧醯胺。美國則有 Subway 自發性地不在產品中使用它。接觸偶氮二氧醯胺已經證實會誘發氣喘和過敏，同時會抑制免疫功能，尤其加熱或烘烤之後更是如此。除此之外，這個化學物質會把麩質碎解成為個別蛋白質分子麥膠蛋白（gliadin）和小麥穀蛋白（glutinin），讓它們可以迅速被人體吸收，馬上引起過敏。

Healthy Note

內分泌干擾物質特洛伊木馬

許多產品裡面都含有這些干擾物質，以下只不過是冰山一角而已。

- **健康的敵人**：所有使用 BHT 做為穩定劑的食物，尤其是商用烘培用品。
- **友善替代品**：使用核可的麵粉替代品（詳見第199頁）、自己做的烘培食品。
- **提醒**：所有用紙包起來或是有「全穀物」字眼的餅乾、麵包或酥脆的點心棒，幾乎都添加 BHT。政府並沒有規定食品業者在包裝上必須標明這個化學物質。
- **健康的敵人**：使用聚四氟乙烯（polytetrafluoroethylene／PTFE）製作的鐵弗龍不沾鍋和所有類似的不沾烹飪用品，以及防汙布料和地毯。某些不沾鍋具也會使用全氟辛酸（perfluorooctanoic octanoic acid／PFOA）。
- **友善替代品**：使用傳統的鍋具或那些有陶瓷塗裝、保證不含 PTFE 或 PFOA 鍋具。

- **健康的敵人**：用 BPA 塑膠製作的容器。
- **友善替代品**：購買非反應性的玻璃或不鏽鋼製品容器。只買罐身不含 BPA 的罐頭食品。有些瓶裝水使用非 BPA 塑膠，但是這些塑膠是否比較安全則仍有待爭議，因為 BPS 跟 BPA 一樣也是有問題。買不鏽鋼保溫杯或玻璃瓶，裝自己家裡的水。
- **健康的敵人**：塑膠包裝紙和塑膠袋。
- **友善替代品**：蠟紙或可重複使用的布巾。
- **健康的敵人**：熱感應紙的銀行單據和商店收據。
- **友善替代品**：要求銀行郵寄單據給你。如果需要商店收據，以方便退換貨時，請店員把收據直接放入購物袋中。回到家之後，用鉗子夾出來。接觸收據之後務必洗手。
- **健康的敵人**：含有對羥基苯甲酸甲酯（methylparaben）這類對羥基苯甲酸酯的防曬劑。避免使用防曬劑，除非它的活性成分是二氧化鈦（titanium oxide）。同時也要避免有香味的產品。
- **友善替代品**：請上「美國環境工作組織」（Environmental Working Group／EWG）搜尋防曬劑購買指南，裡面有一些不含對羥基苯甲酸酯的產品。

- **健康的敵人**：含有對羥基苯甲酸酯的化妝品。
- **友善替代品**：環境工作組織網站裡也有超過六萬兩千種不含對羥基苯甲酸酯的化妝品清冊。
- **健康的敵人**：含有對羥基苯甲酸酯和鋁的除臭劑和止汗劑。
- **友善替代品**：環境工作組織也有分析評比市面上的除臭劑和止汗劑，請上網站查詢。
- **健康的敵人**：含有三氯沙的殺菌洗手液和所有抗菌肥皂。它們只會殘害你的健康，肥皂和熱水的清潔效果就已經很好了。
- **健康的敵人**：含有三氯沙和三氯卡班（triclocarbon）的牙膏。有些漱口水和抗菌牙刷中也含有三氯沙。此外，也要避免使用含有十二烷基硫酸鈉（sodium lauryl sulfate / SLS）的牙膏。
- **友善替代品**：以下這幾個品牌的牙膏都不含三氯沙和 SLS：Jason, Face Natural、Desert Essence（天然茶樹精油或苦楝口味）、Trader Joe's 的 Antiplaque No Fluoride All Natural（薄荷或茴香）、Dirt's 的含有椰子油的 Natural Organic Fluoride Free Toothpaste。

● **提醒**：Tom's of Maine 的產品都不含三氯沙，它的 Botanically Bright 系列則有兩支不含 SLS 的產品。

干擾物質 6：基改食品和生物除滅劑

除草劑、殺昆蟲劑和殺蟲劑是不同形式的生物除滅劑。除草劑殺死雜草；殺昆蟲劑有助減少蚊子致病原；而殺蟲劑則改善了農作物的產量，並且可讓好幾十億人口免於餓死。但是，生物除滅劑已經在無意中透過食物，甚至我們所接觸的農產品和所吃的動物，讓效用強大的毒藥進入人體內。這些毒藥透過腸道或皮膚，在人體、動物和植物裡解除基因程式（genetic program）。這些聚合物好像流氓一樣，操弄我們細胞的開關，改變了身體內的信號傳遞。

孟山都公司所生產的年年春除草劑和陶氏化學（Dow's Chemical）所生產的益農（Enlist™）都含有2.4二氯苯氧乙酸（2.4-D）和草甘膦（glyphosate）。在那些餵食穀物和豆類的動物的肉和奶中，以及農作物和這些食物的製成品中，都可以見到兩者的蹤跡。

至於基因改造食品則是為了讓植物可以製造更多凝集素，以殺死昆蟲或對抗年年春，而在植物裡面植入外來的基因。理論上，年年春會殺死作物周圍的雜草，基改植物則不受影響。短期研究中顯示，年年春在穀物或豆類上的殘留，不會有害人類，因為人類沒有所謂的莽草酸路徑（shikimate pathway），也就是年年春用來癱瘓雜草而使它們死亡的路徑。因此，FDA 核可年年春是安全的。那問題到底在哪裡？

首先，**基改植物會製造全新的蛋白質和凝集素，會讓我們的免疫系統認為有外來入侵者，而造成發炎。**其次，年年春原本是噴在基改作物上，好讓作物周圍的雜草枯萎死亡，而該作物卻不受影響。可是，現在專業農戶卻在非基改作物上也噴灑年年春，好讓作物脫水，因為枯乾死掉的植物比較容易在計畫好的時間收割麥穗、玉米、黃豆和菜子，而節省時間和金錢。

如果你以為年年春在這些穀物加工之前就已經清洗乾淨，那就太天真了！殘留在穀物和豆類上的草甘膦，會直接進入以這些為飼料的動物體內，並和牠們的脂肪、肉和奶結合，然後被你吃進肚子裡。幾乎所有用來餵食養殖動物的穀物和豆類都是基改作物。這些被改造的基因不但可以在這些動物的肉裡面看到，同時也出現在哺乳婦女和胎兒的臍帶裡！更糟糕的是，因為過去加工過程中會去除的穀物外皮，現在卻為了「保留完整穀物營養」而保留下來，讓年年春進入腸道，造成真正的傷害。

腸道細菌跟植物一樣，會利用莽草酸路徑以製造三種必需胺基酸：色胺酸（tryptophan）、酪胺酸（tyrosine）和苯丙胺酸（phenylalanine）。由於動物沒有這個路徑，所以我們取得這些必需胺基酸的唯一來源就是透過腸道細菌。色胺酸和苯丙胺酸可以製造血清素，而血清素是讓心情好的重要荷爾蒙；酪胺酸和苯丙胺酸則是製造甲狀腺荷爾蒙的必要物質。但是，當我們吃進基改食品，或者是在收成時使用年年春傳統種植法的食物，就會使腸道細菌無法製造這些必需胺基酸。

由於非基改作物現在也都經常在收割時噴灑年年春，而這些收成的穀物和豆類則是牲畜和家禽的飼料，所以即使我們不吃基改食品，但是因為我們吃這些動物的肉，以致我們還是遭受年年春的毒害。在全穀物、黃豆和其他豆類裡面所含有的草甘膦，使得我們失去自己製造血清素和酪胺酸的能力，因為腸道裡的好菌死掉，使得腸道菌叢組合改變了。

最糟糕的是，正常的腸道細菌已經演化成會吃麩質了。如果我們吃進了含有年年春的麩質食品或豆類，就會破壞腸道細菌，等同失去那些可以保護身體不受麩質傷害的主要防禦，而這代表，你將會開始對麩質敏感。而且，年年春也會跟麩質聯結，成為會引起免疫反應的抗原，即使是那些本來對麩質不會過敏的人，也會如此。

年年春還會癱瘓關鍵的細胞色素p450（cytochrome p450 enzymes），這個酵素負責把維生素D轉換成能再生使用膽固醇的物質，這意謂年年春會使人體的膽固醇值升高！而且，維生素D也是幫助修復受損腸壁的重要物質。

再說一次：**你所吃的食物造就你，你所吃的那些動植物它們攝取的東西，也造就你。**

嚇人的結果

二〇一五年，世界衛生組織（World Health Organization）旗下的「國際癌症研究機構」（International Agency for Research on Cancer）宣稱年年春成分所含的草甘膦是一個「可能的人類致癌物質」。因此，「有機消費者聯盟」（Organic Consumers Association / OCA）和「排毒計畫」（Detox Project）聯手協助社會大眾檢驗飲水和尿液裡是否含有草甘膦。

結果非常驚人！根據二〇一六年五月所公布的數據，在93％的尿液樣本中，檢驗草甘膦的結果都是陽性，其中兒童的含量最高。住在美國西部和中西部各州的人體內所含有的草甘膦量，比其他州的人還高。由於有機消費者聯盟是這個檢驗的合作單位，有可能受測者所食用的有機食品比一般大眾還多，意思是可能有機食品也已經被汙染，或是另有其他未知的草甘膦來源。

諷刺的是，基改作物本身是為了提高作物產量並減少除草劑的使用而發明的。但是，在紐約時報的一份深入報導中指出，根據聯合國的食品暨農業組織、法國的植物保護產業聯盟、美國地質調查報告，以及美國農業部的國家農業統計局的數據，基改作物的這些承諾都沒有實現。

加拿大和美國在引進了基改作物之後，作物產量的確提高了。但是，在已經禁止基改作物的西歐，產量提高的比例甚至更多。而且，過去十年來，美國所使用的除草劑的量，包括年年春在內大幅地增加，但是法國卻能夠大幅減少除草劑的使用。

Healthy Note

草甘膦和基改作物特洛伊木馬

- **健康的敵人**：年年春等類似的產品
- **友善替代品**：把一加侖的白醋加一杯鹽和一茶匙的洗碗精混合，噴灑在雜草上。這個配方有幾種變化，包括用檸檬汁取代白醋，和用瀉鹽（Epsom salt）取代鹽。
- **健康的敵人**：基改食品
- **友善替代品**：有機食品

Healthy Note

商品標示大揭密

只要你開始留意下列這些名詞，就會發現許多食品裡都有它們的蹤跡。不要被它們表面看起來很正面或聽起來無害的意涵所欺騙。不要碰下列有這些標示的所有產品。以下是這些標示密碼的真正意義：

標　示	說　明
全素飼料 **All getarian feed**	含有穀物、仿穀物、和／或黃豆、非常可能是基改作物。通常會出現在雞肉產品的標示上。
放養 **Free-range**	根據二〇〇七年的美國聯邦法令，標示為放養雞的環境可以是一個非常擁擠、只有一扇通往一片小小草地的門，而且門每天只要至少打開五分鐘的倉庫。這些雞的飼料都是玉米和黃豆。當然，在這麼擁擠的環境下，大部分的雞從來沒有看過白天的太陽。
無麩質 **Gluten-free**	比它所取代的含麩質產品含有更多的糖和凝集素。
全天然 **All natural**	颶風、龍捲風、地震和砒霜，也都是天然的！這是一個沒有任何意義的名詞，而且美國食品藥物署和農業部都沒有給這個名詞任何定義。
不含膽固醇 **No cholesterol**	取代膽固醇的油脂事實上是不好的 omega-6 油脂。
不含反式脂肪 **No trans fats**	這個產品裡面含的幾乎都是不好的 omega-6 油脂。
部分氫化脂肪 **Partially hydrogenated**	裡面真的都是不好的 omega-6 油脂。

不含人工調味料 **No artificial ingredients**	老鼠大便裡面也沒有任何「人工」的東西。這個名詞沒有任何意義可言。
有益心臟健康 **Heart healthy**	大食品公司和大藥廠都想要你吃這些有益心臟健康的食物！美國食品藥物署竟然認證家樂氏的彩色香果圈早餐穀片（Froot Loops）是「有益心臟健康」的食物！但是，酪梨、鮭魚和堅果卻沒有通過食品藥物署的標準。為什麼？自己想吧！
全部有機成分 **All organic ingredients**	消費者請注意，砒霜是有機的，而且可以合法餵食給所謂有機飼養的雞吃。它是常用的抗生素和內分泌干擾物質。基改作物則只要是有機種植，也可以標示為「有機」。

最後，千萬不要被有機、放養雞肉的標示所誤導。因為表示這些雞是被關在一個倉庫裡面，被餵食有機的玉米和黃豆。而且，如果標示上面寫著「全素飼料」，千萬不要買，因為雞應該是吃蟲的，不是吃穀物的。

此外，標示寫著有機蘇格蘭、挪威或加拿大的鮭魚，不要買。表示這些魚是餵食有機穀物和黃豆，因為牠們總不可能是吃「有機」海草吧?!有機牛肉也是如此。

如果上面的標示並沒有註明牠是草飼（**grass-fed**：**生長過程中曾經餵食牧草，但在宰殺前可能會餵食穀物，以迅速增加重量**）或全草飼（**grass-finished**：**全程皆餵食牧草**），就可能有陷阱。所有的牛一生中一定都吃過牧草。因此，所有的牛都可以被標示為草飼牛，即使牠可能大部分時間都是以飼料槽裡的穀物和豆類為食物。

干擾物質7：長期暴露在藍光之下

幾千年來，我們和所有動物都是依據白天光線的變化來覓食，尤其是白天光線裡的藍光。長日照的白天和短暫的黑夜會刺激身體盡可能進食，以預備即將到來的冬天。反之，短日照的白天和長時間的黑夜則刺激身體不要覓食，所以，在冬天，我們身體最初的設計是要燃燒身上的脂肪。讓我們感覺飽腹的瘦體素荷爾蒙，會打開這個燃燒脂肪的訊號。這個依照季節輪流燃燒葡萄糖和脂肪的循環，叫做新陳代謝彈性（metabolic flexibility）。藍光則是負責調節這個指令的關鍵。

現代生活裡充滿了藍光，使得我們違反自然，一直暴露在這個波長的光線之下。電視、手機、平板、其他電子用品，甚至某些省電燈泡，都會發射藍光，因此影響睡眠。藍光會抑制褪黑激素的製造，褪黑激素是一種有助睡眠的荷爾蒙。而睡眠不足，則跟肥胖有關聯。

藍光也會刺激飢餓荷爾蒙「類生長激素（ghrelin）」和清醒荷爾蒙「可體松（cortisol）」。因為我們的基因編程把藍光跟白天聯結，所以不斷暴露在藍光會讓我們身體誤以為自己一直處於日照時間長的夏季，且不斷增加體重，以預備冬天的到來。

Healthy Note

藍光特洛伊木馬

- 健康的敵人：長期暴露在藍光之下

- **友善替代品**：下載「justgetflux.com」app，以改變所有電子裝置上的燈光。只要輸入所在地位置，螢幕就會自動在太陽下山之後轉換成為黃光。使用 iPhone 或安卓手機裡的黃光螢幕。新版 iOS 裡有一個使用方便的「夜晚轉換（Night-Shift）」功能。太陽下山時，如果你還在使用手機或其他電子用品，請戴上黃光、抗藍光的眼鏡。最好是包覆式，可以阻隔所有方位的藍光。把臥房裡的燈泡換成抗藍光燈泡。

與凝集素聯手搞破壞

上述七大干擾物質如何跟凝集素聯手讓我們變胖又生病？

凝集素所造成的傷害，使得我們更容易遭受這些干擾物質的攻擊。當脂多醣和凝集素破壞了消化道障壁，身體就進入防禦模式。為了有足夠的熱量供白血球使用，以對抗入侵者，肌肉變成胰島素阻抗和瘦體素阻抗。我們之所以會阻抗胰島素和瘦體素，造成所謂的「代謝症候群（metabolic syndrome）」，並不是因為肥胖，而是為了儲存足夠的熱量以供應免疫大軍的緣故。

由於這些干擾物質和我們身體裡面不斷釋放的凝集素和脂多醣，使得荷爾蒙和生理時鐘混亂，讓我們的身體無法因應。我們將在下一章深入探討這個主題，讓你明白為什麼我們會在過去五十年間變得更胖、更體弱多病、身材更差的原因。你會明白，錯不在你。

Chapter 5

現代飲食如何讓你變胖又生病

許多有公信力的醫學期刊也證實只要改變飲食和部分生活型態，就能夠明顯改善健康。十六世紀英國的自然科學家暨醫生湯馬斯・莫菲特（Thomas Muffet）說：「人用牙齒挖掘自己的墳墓，並且死於那些命中註定致死的工具者，比死於敵人的武器者還多。」五百年後，他的話仍然為真，就好像希波克拉提斯的名句：「讓食物為汝之藥物，藥物為汝之食物。」（Let food be thy medicine and medicine be thy food.）

現在，我對於這些評論深信不疑，因為有許多的證據支撐這樣的研究，還有好幾千名因為採用我的飲食計畫，而治癒身上各種毛病的患者。我的許多病人本來都很胖，但是在採用了這個飲食計畫之後，幾乎都能減輕體重，而且不需要太費力。

過胖不是你的錯

我知道很多人這個時候可能迫不及待想要減重，但是請等一下，在此之前必須先瞭解一件事情：你之所以會變胖、很難瘦下來的原因，並不是因為懶惰或沒有紀律。如果你過胖，最可能的原因是吃了錯誤的食物，或是沒有吃正確的食物。

根據我的經驗，非常蔬果飲食法所移除的錯誤食物，比加入的正確食物還多。其次，疾病和體重的關係通常是交錯的，這也是為什麼這一章要同時處理兩者。另外一個經常為大家所忽略的重點就是：我們的腸道微生物不但跟健康和疾病有關，也跟維持正常的體重有關。有些微生物會幫助你維持苗條和健康；有的腸道微生物則會讓你增加體重；另一些讓你生病的微生物則會干擾營養素的吸收，使我們難以維持健康體重。

你可能肚子裡塞滿了食物，但是如果體內的腸道微生物沒有發揮正常的消化功能，你就可能還是得不到熱量和微量營養素（micronutrients）。乳糜瀉只是營養不良的冰山一角而已；還有許多各種狀況，都會干擾正常的消化和營養供應。

體重大戰

過重或過輕都是一個清楚的訊號：身體裡面有場戰爭在進行。如果你正在讀這本書，我相信你一定是關心自己健康和體重的人。

從一九六〇年代中期，我們的集體健康開始下滑。今天，美國70.7%的成人過重。其中將近38%的人是肥胖，但是二十年前，過重的人不到20%。此外，糖尿病、氣喘、關節炎、癌症、心臟病、骨質疏鬆症、帕金森氏症和失智症的患者大幅增加。每四個人中有一人罹患一或更多種的免疫疾病。

絕大多數人一天只工作七或八個小時，而且吃的比我們的祖父母輩還好，卻有許多人總是體力差，過敏的人也非常多。現在甚至有父母讓子女攜帶速效型腎上腺素注射筆（EpiPens）到學校，以防萬一孩子吃花生而引起致命過敏。但是，在一九六〇年代，花生不會殺人。

我們怪罪西方飲食、環境、不愛運動，所以我們才會生病又變胖。雖然上述這些理由都是真的，但不是最大的原因。這也是為什麼某種飲食法或運動可以在幾個星期，或幾個月內有效，但是之後卻無效，使你打回原形。這些「解決辦法」為什麼無法持久，是因為它們對於病根幾乎沒有任何幫助。

Healthy Note

變小的身體和大腦

根據考古研究，一萬兩千年前，人類平均身高是一百八十九公分左右。但是，在西元前八千年，人類平均身高縮水成約一百四十七公分——在幾千年間，就矮了四十二公分！

我們的祖先在農業革命之後，以穀物和豆類為主食，因此身高變得更矮。而且，考古研究顯示在那之前，人類並沒有罹患關節炎。反觀現代人，除了那些沒有攝取大量含有凝集素食物的人之外，幾乎都有關節炎。

更驚人的是，一萬兩千年前人類的大腦也比現代人還大50％！我們這樣還能說自己比前人更進化嗎？

失敗的飲食和運動

對於減重飲食法的執著，彰顯我們對於健康和體重有多麼在意，即使我們總是無法堅持到底。「飲食法」這個議題總是跟健康牽扯不清。但是，減重飲食法註定會失敗，因為它們無法真正解決我們的食物和其他所接觸的產品對我們的造成的傷害。大部分在美國電視節目《超級減肥王（The Biggest Lose）》中的減肥冠軍，所減的體重幾乎全部都會回來！

透過飲食來減重，並且改變過去的飲食習慣，從來都不能真正治本。只要終結你體內的戰爭，體重就會恢復正常。自我療癒的結果之一，就是達到身體「想要」的體重。同時，長壽的機率也會大幅提高。

瞭解特定食物和產品對健康的影響，之後改變你的進食方式和其他習慣，結果將與減重飲食法完全不同。這也是我接下來要介紹你的成功祕訣，成為一種進食方式之飲食法，才是成功的關鍵。

無數的研究已經顯示運動無法幫助你減重。運動的問題之一是會讓你肚子餓。另外一個問題則是對於大部分明顯過重的人而言，運動會帶來疼痛，使他們無法堅持。

我並不是說保持活力的生活沒有意義。有一個非常大型的研究指出，規律運動有助於維持體重。此外，保持良好體力還有其他好處，包括：改善心血管健康、調解血壓、提高好膽固醇和降低三酸甘油酯。有氧運動和負重運動都能改善平衡感、提振心情並減輕壓力、提升活力，並強化睡眠品質等。

基塔瓦人的享瘦祕密

我一直對於「食物與食物的選擇對於人類演化和人口成長的影響」這個議題，很感興趣。我運用這個知識和相關的人類研究成果，發展出了《岡德里醫生的飲食革命》這本書。然而，這只不過是一個開始而已。

就跟人類會不停演化一樣，我的研究也促成了自身思想的演化。而這一切都始於我到大型營養補充品製造業者 Metagenics 演講。當時，我堅信碳水化合物（醣）是導致所有疾病的萬惡之源，並且完全不吃這些東西。在演講結束之後，Metagenics 的一位研究人員提問：「那你如何解釋基塔瓦人（Kitavan）的長壽？」

基塔瓦是住在南太平洋的一個部落。他們菸抽得很兇，而且60％的熱量來自碳水化合物，30％則來自椰子油。除此之外，他們沒有心臟病、中風或其他心血管疾病，而且非常非常的瘦。他們很長壽、不會生病，幾乎不需要看醫生。

以前那個堅決擁護低碳水化合物的我，一直把基塔瓦人當作例外，並指出他們的健康是因為嚴格限制熱量的副產品，因為低熱量已被證實有助於健康和長壽。但真的是這樣嗎？

因此，在最開始把基塔瓦人的健康長壽歸因於限制熱量飲食之後，我重拾在耶魯大學時期和後來的研究，尋找不同文化的飲食選擇背後的驅動力為何。我發現雖然基塔瓦人飲食的熱量很高，卻非常苗條，熱量之說似乎無法適用在基塔瓦人身上。所以又再深入研究。這一章的內容就是我深入研究的結果，加上在患者身上應用之後所觀察到的變化。

選擇背後的真正主因

一萬年前，我們人類從遊牧的狩獵採集生活方式，改變成為農業型態的生活方式。在此之前，所攝取的食物主要是季節性水果、季節性獵物、魚和甲殼類海鮮，並且以根莖類為主要澱粉來源。大約十萬年前，人類發現火之後，就會把根莖類烤來吃，以利用其養分。之後，熱量突然變為來自穀物、豆類，以及牛和羊的乳製品（**亞洲除外**）。

為什麼我們的先祖會改成攝取這些食物的傳統說法，是這些作物可以儲存，那些動物可以被畜養。人類可以在某個季節種植穀物和豆類，只要曬乾並適當儲藏，就不會枯萎或腐壞。牛和羊等動物可以擠奶，擠出來的奶可以馬上食用或是做成可儲藏的起士。

因為這些食物可以整年攝取，所以讓人類可以在氣候惡劣和作物歉收時，仍可繼續定居。這就是我所學到的理論說法。但是，如果還有別的「隱藏」原因，使得農夫先祖選擇穀物、豆類和牛奶呢？

我曾經跟馬拉松跑者辯論運動的好處，指出根據定義，最成功的動物就是能夠花最少力氣得到最多熱量的動物。這是從基因角度所定義的成功。但是，現在必須正視的一個事實卻是：**最成功的動物，是能從可取得的熱量來源儲存最多脂肪的動物**。

也許我們都錯了，我們的祖先並不是因為穀物、豆類和乳製品可以儲存起來而以它們為主食。事實上，可能是因為他們發現這三種食物比其他食物，更能幫助他們大量儲存脂肪呢？

變胖的最佳方法

我已經從患者那邊聽了至少一萬遍：「全穀物和豆類是健康飲食的關鍵。」但是，動物研究的結果卻恰好相反。我小時候住在當時號稱是全世界最大牲畜飼養場的內布拉斯加州（Nebraska）。所有內布拉斯加州的百姓都知道我們餵牛吃玉米，好讓牠們變胖。為什麼美國各州都把牛運到內布拉斯加州來增肥？因為牛光吃乾草和牧草不會變胖，所有農夫都知道這一點。

早在十九世紀，俄亥俄河谷的豬在屠宰之前，都會被餵食玉米以增肥。對於農夫而言，餵食玉米增肥的豬，比把玉米賣給養豬場去餵豬，更有利可圖。所以才會有「把玉米裝在豬肚子裡面到市場賣」的這句俗語。

在正常狀況下，豬並不是一種會變胖的動物。野豬和野放家豬都是苗條精實的。你可能也不知道豬的消化系統和心血管系統跟人類一樣；這也是為什麼我會使用豬的心臟瓣膜來取代受損的人類瓣膜的原因。豬吃玉米會變胖，而我們人也會。

許多患者為了減重來找我，但是最後至少有一半的人發現他們的自體免疫疾病症狀也緩解了。如同前面提到的，不論患者起初是因為什麼原因前來，我的飲食計畫有個快樂的副作用，就是「恢復正常體重」。但是，幾年下來，我發現有一小群患者因為飲食改變而治好了他們的免疫疾病，可是體重卻一直往下掉，停不下來。

剛開始，我要求他們多攝取脂肪，尤其是酪梨，但是沒有用。幾年過去，那些非常瘦的患者最後會在三、四個月之內體重增加，因為他們開始吃麵包、麵、玉米或豆類。沒錯，在沒有其他辦法可以恢復他們的體重時，穀物和豆類就發揮效用了。但是，讓人懊惱的是，他們血液裡的發炎指數也提高了。最近，我針對這個問題的解決辦法是請他們吃大量的夏威夷豆（macadamia nut）。

那些讓我們祖先可以增加體重以因應嚴峻冬天，使他們能夠繁衍下一代的食物，卻同時也是會加速他們死亡的食物。如果你讀過我的第一本書，就會知道我們的基因總是會做這樣的選擇：盡量從食物中取得最多的熱量以繁衍，然後確保父母在孩子長大成人之後衰老，好讓子女或孫子女有足夠的食物可吃。

穀物和豆類之所以橫掃世界的原因，並不是因為它們「很健康」，也不是因為它們易於儲存，而是因為這些食物跟其他比起來，每一大卡能夠轉換的脂肪儲存量最多。這在遠古時代是優點，但在現在，卻不是。這樣的飲食也會縮短已經過了生育年齡的人之壽命。

前面提到，並非只有穀物和豆類會迅速囤積脂肪，乳製品也會。泌乳動物的乳汁只有一個目的：讓後代迅速成長、增加重量。所有乳汁都含有大量類似雌激素的生長荷爾蒙。最近許多研究都顯示乳汁裡的酪蛋白，尤其是酪蛋白A-1，會變成引起發炎的β酪啡肽（beta-casomorphin）凝集素，造成脂肪囤積。發炎就代表體內有戰爭，而戰爭需要儲存脂肪以做為能量。

Healthy Note

便便的力量

如果你餵瘦老鼠吃胖老鼠的糞便，瘦老鼠會變胖！反之亦然：餵胖老鼠瘦老鼠的糞便，會讓胖老鼠變瘦。沒有錯，腸道裡的有機生物體左右了你的胖瘦。根據幾個研究：把過重人類的糞便餵瘦老鼠吃，牠們會變胖；如果，再加上糖和油脂這些「肥料」進去，老鼠會更胖！

一九七〇年代，當我在喬治亞大學醫學院就讀時，親眼看到許多因為服用廣效抗生素而罹患嚴重的困難梭狀芽孢桿菌結腸炎（Clostridium difficile colitis）的患者，因為把健康的醫學院學生的糞便，灌腸到他們腸道裡面而得到醫治。

那時，我們每週都必須貢獻糞便，好讓這些患者得到醫治。那時我們並不知道抗生素已經破壞了這些患者的消化道，而我們糞便裡面的微生物卻可以幫助他們恢復健康。

凝集素與肥胖的關係

前面介紹過小麥胚芽凝集素（WGA）跟乳糜瀉有關聯，而且跟胰島素荷爾蒙非常相似。

現在，讓我們更深入檢視胰島素及模仿胰島素的小麥胚芽凝集素所造成的種種問題。在正常狀況下，當糖從腸道進入血液，胰臟會召喚胰島素進入血液中，接著胰島素再進入三個地方：脂肪細胞、肌肉細胞和神經元。胰島素的首要工作就是開啟幾乎所有細胞的大門，好讓葡萄糖可以進入並提供燃料，尤其是下列這三種重要的細胞：

1. **脂肪細胞**：胰島素會附著在脂肪細胞的細胞膜上的對接端口，打開開關，告訴這個脂肪細胞要把葡萄糖轉換成為脂肪，並儲存起來。當胰島素完成它的工作，就會離開對接端口，也不會再有糖進入該細胞裡面。
2. **肌肉細胞**：胰島素會開啟進入細胞的門，並引進葡萄糖以做為燃料。
3. **神經細胞**（**神經元**）：也需要胰島素，才能讓葡萄糖通過它們的細胞膜。事實上，我們直到最近才知道神經元需要胰島素才能取得葡萄糖。而且大腦和神經也可能會發生胰島素阻抗，也就是所謂的第三型糖尿病。

一旦胰島素對接到適當的端口並釋放訊息，脂肪、肌肉和神經細胞就會告訴荷爾蒙已經收到訊息。荷爾蒙就會退出該對接端口，好讓細胞可以跟下一個荷爾蒙對接。

當凝集素模仿胰島素並且附著在細胞壁的對接端口時，就會發生問題。凝集素可能提供錯誤的訊息，也可能阻斷正確訊息的釋放。這就好像所搭乘的飛機因為另一架飛機占用降落跑道，使你無法下飛機（釋放訊息），除非原本那架飛機移開。凝集素就好像那架一直停在那裡的飛機，占據了「跑道」，使得訊息的傳遞無限期地被干擾或者被消音。

讓我們來看看當WGA凝集素進入下列三種細胞的胰島素對接端口受器時，發生了什麼事：

1. WGA會永遠停留在脂肪細胞的細胞膜，永不停止地指示細胞利用所有可取得糖分來製造脂肪。如果是在八千年前，可以讓人類從稀少的熱量中儲存脂肪的植物聚合物，就是好植物。但是，現在就不是這樣了，因為像WGA這樣的凝集素，以及在所有穀物裡的其他凝集素，造成的傷害遠比直接把脂肪儲存在脂肪細胞還大。

2. 如果WGA附著在肌肉細胞上，它就會永久停留在胰島素受器上，使得真正的胰島素無法對接受器。結果就是肌肉無法取得葡萄糖，而這些葡萄糖被轉給脂肪細胞，好讓該細胞上的WGA不斷地把葡萄糖送進脂肪細胞裡。胰島素仿冒品就是使我們年老時肌肉流失的原因！我們吃的凝集素越多，我們肌肉裡的胰島素受器就填滿越多如WGA的各種凝集素，然後就流失越多的肌肉。

3. 當WGA和其他凝集素停留在神經細胞上的胰島素受器時，就會阻斷糖分進入。糖分如果沒有進入神經元，飢餓的大腦就會需索更多的熱量；人就會變飢餓，我們就會吃更多。短期來看這也許沒有傷害，有助於早期人類的存活；但是如果繼續下去，讓更多WGA和其他凝集素進入大腦和神經的胰島素受器，使得腦細胞和周邊神經死掉，結果就是失智症、帕金森氏症和周邊神經病變。

長此以往的結果就是變少的肌肉質量、挨餓的大腦和神經細胞，以及許多的脂肪。聽起來很熟悉嗎？最近研究發現凝集素會從腸道爬上迷走神經，進入大腦，最後在大腦的黑質（substantia nigra）卸下。黑質如果受到損害，就會導致帕金森氏症。根據在中國進行的大型研究發現，在一九六〇年代和七〇年代，為了治療腫瘤而切除迷走神經的患者罹患帕金森氏症的比例，比同年齡的控制組低了40％。這是因為他們體內的凝集素無法穩定地進入大腦，所以就不會造成太大的傷害。

這也說明了為什麼全素食者比較容易罹患帕金森氏症，因為他們攝取大量的植物，也就同時攝取了大量的凝集素。其實植物只不過在盡它的本份——除掉不想要的害蟲，包括人類在內！

總之，在食物短缺的古代，能透過攝取穀物和豆類裡面的凝集素來增加體重，是一大利多，但時至今日，同樣的結果卻對我們有害。現在，讓我們更深入瞭解凝集素如何有利和有害於我們。

準備作戰

前面提到我那些需要恢復體重的患者，回頭吃穀物和豆類食物之後，雖然體重回升，但是身體內的發炎指數也開始回升。發炎是否也會讓人發胖？

其實，脂多醣和凝集素就好像外來入侵者，引發類鐸受體（TLRs）去提醒身體現在正遭受攻擊，並進入「作戰模式」。因為在作戰，軍隊必須得到充分的營養，才能跟敵人對抗，所以非作戰者的食物就只能是配給的。由於肌肉和大腦同時阻抗胰島素和讓人感覺飽腹的瘦體素，所以熱量就從原本的肌肉和大腦處，轉送到在前方作戰的白血球細胞。

此外，如果你的身體正在作戰，身體就會傳送信號鼓勵獲取更多熱量以便作戰。所以，當從穀物和豆類攝取越多凝集素，就會覺得越飢餓。而之所以會對胰島素和瘦體素阻抗，並不是因為你過重；相反，是因為你的身體在打仗，所以它為了戰事而儲存熱量，造成過重。這一點跟我們所以為的肥胖造成原因剛好相反。

不過，如果已經沒有凝集素和脂多醣進入身體，身體不再意識到有戰爭，它就沒有理由透過尋找或攝取食物來積存更多熱量。只要終結這場戰爭，就會有減重這個「副作用」。難怪五十年前大部分人都很苗條，因為當時我們的身體還沒有經常進入作戰模式。

脂肪儲存

你可能聽過如果脂肪是囤積在腹部，也就是蘋果體型，健康會有風險；但如果脂肪是囤積在臀部，也就是梨子體型，那麼健康狀況還可以。這個說法其實不完全正確。

讓我們回到戰爭的比喻來說明為什麼脂肪會儲存在腸道。軍隊需要糧草，而且糧草必須靠近前線，也就是正在跟凝集素和脂多醣作戰的前線。前線在哪？沒錯，就是在腸道、消化道的壁面，也就是凝集素和脂多醣突破入侵的邊界。脂肪並不是罪魁禍首，它只是一個信號，讓你知道身體的腹部正在打仗，所以才會有「腹部脂肪」這個名詞的出現。

身為心臟外科醫生，每當我打開患者的胸腔進行冠狀動脈繞道手術時，都會發現心臟表面的這些動脈周圍有大量的脂肪。這些脂肪非常厚又堅硬，即使非常苗條的人，也是如此。如果發現大量脂肪，我就知道附近正有戰事進行中。病人之所以進行冠狀動脈繞道手術，就是因為他打敗仗了。

事實上，許多研究證實心囊脂肪，也就是冠狀動脈上的脂肪，跟血管疾病直接相關。這表示什麼？只要在任何地方找到多餘的脂肪，就表示那裡正有戰爭進行中。你的腹部脂肪不但表示腸道正有戰爭，而且不幸的是，這場戰爭持續往你的心臟和大腦擴散中。

各式各樣的「成功」飲食法

為什麼世上有那麼多飲食法？而且為什麼許多都有效果（至少在短時間內）？它們之間有沒有什麼共通點？下列這些不過是這幾年最流行的飲食法的一部分：低碳水化合物＋高蛋白質；低碳水化合物＋高脂肪＋高蛋白質；低脂肪＋高碳水化合物等。這些飲食法的追隨者都宣稱它們的效果卓著。

哲學博士亞倫・列維諾維茲（Alan Levinovitz）最近出版的一本叫做《麩質謊言和其他食物的迷思（The Gluten Lie and Other Myths About What You Eat）》中，以諷刺的手法批評上述所有大受歡迎且效果卓著的飲食法。他在書中介紹一個虛擬的去包裝飲食（UnPacked diet），主張去除所有塑膠包裝紙。

他列出網站，假裝銷售商品，並且提供患者的見證。在你熱切地讀完列維諾維茲的書，讀了支持他飲食計畫的多個論證之後，會發現事實上他是精心揀選所使用的數據，套用其他飲食專家的話語，並且偷竊上述那些飲食法效果卓著的使用者的見證。

我很幸運有機會治療許多之前死忠跟隨上述那些飲食法的患者。他們的體重可能得到控制，但是依然有一些健康問題，包括：嚴重的冠狀動脈疾病和自體免疫疾病。現在，讓我們更深入瞭解這些飲食法的內容吧！

低碳水化合物飲食法的問題

阿特金斯飲食法（Atkins）或南灘飲食法（South Beach）等這些低碳水化合物飲食法通常短時間內很有效。但是在恢復攝取含有凝集素的碳水化合物之後，那些減掉的重量通常都會再回來。即使繼續遵守這個飲食法，減重進度基本上會在某一個點停止或變慢。

所有低碳水化合物飲食法本質上都是高蛋白質飲食法，並限制所有穀物、豆類的攝取，因此也同時限制了凝集素的攝取。當南灘飲食法和阿特金飲食法在維持期再度引進穀物和豆類時，人們不可避免地重新增加體重。怎麼辦？只好再回到第一期的飲食，不吃穀物和豆類！

原始人飲食法（Paleo diet）則是高蛋白質飲食法的進階版，但它所依據的假設的錯誤，它主張人類早期是以水牛和其他大型動物為主食，所以我們才能保持健康。但是，這類大型動物其實很難捕捉。其實，我們的祖先非常可能是以根莖類、莓果類、堅果，以及來自魚、蜥蜴、蛇、昆蟲和小型老鼠的蛋白質為主食。

我很不想告訴你事實，但是任何原始人飲食法或其他低碳水化合物飲食法的成功，不論是體重的減輕或健康的改善，都不是因為限制了碳水化合物，以及吃許多蛋白質和脂肪的結果。所有正面效果，都是因為去除了含有凝集素的食物的結果。別忘了原始人飲食法，是依照我們所認為的十萬年前祖先的飲食而設計的。

最後，那些支持原始人飲食法的人並不瞭解的一點是：我們所有的祖先都是來自非洲，而且從來沒有吃過任何來自美洲那些富含凝集素的食物。所以，蕃茄、節瓜、彩椒、枸杞、花生、腰果、葵瓜子、奇亞子和南瓜子，都不是原始人的食物，它們都富含凝集素。

限醣的生酮飲食法

傳統用來幫助糖尿病患者調整血糖和胰島素值的生酮飲食法，也是一種低碳水化合物飲食法，但是與其他飲食法非常不同。真正的生酮飲食除了控制碳水化合物的攝取之外，也限制蛋白質的量，以油脂做為大部分熱量的來源。如果限制特定動物的蛋白質攝取，就像實行非常蔬果飲食法那樣，幾乎一定會減輕體重。

當我把調整版的生酮飲食法搭配非常蔬果飲食法時，不但那些糖尿病和有胰島素阻抗的患者狀況改善，甚至癌症、失智症、帕金森氏症、自體免疫疾病及許多的腸道疾病患者，狀況也都得到改善。問題是：大部分採用生酮飲食法的人是否都罹患酮症（Ketosis）[9]？為什麼他們的體重會減輕？根據我的患者的實驗室檢測結果，答案是「不」！他們的體重之所以會減少，

[9] ketosis：意指熱量來源來自脂肪的燃燒，而不是來自碳水化合物的燃燒的一種身體狀態。

是因為飲食中移除了大部分凝集素，而不是因為添加了油脂所致。

留住脂肪、趕走全穀物

像歐爾尼許飲食法（Ornish diet）、艾瑟斯汀飲食法（Esselstyn diet）和康貝爾飲食法（T.Colin Campell diet）等低油脂、全穀物的飲食法，是否可以讓人變瘦？的確會。我在患者身上看到許多體重變輕的案例，但是卻無法對他們的冠狀動脈疾病有所助益。

為什麼他們的體重會減少？我認為是以下四個因素所致：

1. 它們移除了西方飲食中非常普遍的富含凝集素的油脂，例如：黃豆、花生、棉花子、葵花油和芥花油……等，這些油脂不但含有凝集素，同時也富含多元不飽和脂肪酸 omega-6，而我們的類鐸受體會使用 omega-6 促發炎症級聯反應（inflammatory cascade）。發炎等同於戰爭，又等同於戰爭區域附近的冠狀動脈的脂肪囤積。

2. 由於它們已經消除了脂肪，所以低脂肪飲食法並不會讓脂多醣有立足之地。脂多醣因此必須透過長鏈的飽和脂肪酸，才能鑽入腸道壁，造成發炎。這是一件好事。許多立意良好、把脂肪妖魔化、大力鼓吹低脂飲食法的醫生，現在也明白並非所有油脂都相同。歐爾尼許醫生現在把魚油納入他的飲食法中，喬爾・傅爾曼醫生（Dr. Joel Fuhrman）則把富含油脂的堅果當作他的飲食法之重要元素。幸運的是，這些飲食法都不會讓凝集素穿越腸道障壁，所以是「安全」的。

3. 它們使用完全沒有處理的穀物，而不是磨碎的「全穀物」。我為什麼會反對全穀物？首先，大部分作為「食物」的全穀物事實上都不是真正的全穀物，而是磨碎的穀物。它們的凝集素已經被釋放出來，而且為了避免油脂氧化，它們又用二丁基羥基甲苯處理過。

4. 這些醫生已經正確地把焦點放在有機穀物上。有機穀物比較不會遭受年年春的毒害，而且也不會造成腸道微生物的死亡。因此，這些飲食讓腸道能夠處理麩質，預防壞菌的入侵。

不幸的是，我們身體基本上都無法耐受這些飲食法，所以不能持久。即使家樂氏兄弟也無法讓療養所的患者吃全穀物，所以才會有家樂氏早餐穀片的誕生。根據艾瑟斯汀的研究，有50％的人無法長期吃全穀物食物。這並不是一個可以長久採行的飲食法。所以，任何體重減輕的正面效果，都只能短暫維持。

為什麼採用這些飲食法的患者，最後會發現自己的冠狀動脈疾病變嚴重了？那是因為小麥裡面的小麥胚芽凝集素會繼續跟冠狀動脈內皮細胞層聯結，遂而引起免疫系統的攻擊。而以米為主食的中國南方人、日本人和韓國人，罹患心臟疾病的比例比美國人低的原因，就是因為米、芋頭、小米、高粱和地瓜裡面都沒有小麥胚芽凝集素。

我們和大象的共通之處

生長在野外、只吃樹葉的非洲大象不會罹患冠狀動脈疾病。然而，由於棲息地被破壞，因此大象開始吃草或由人類餵食的乾草和穀物。這些動物中有50％有嚴重的冠狀動脈疾病，因為牠們的消化系統無法消化凝集素，使得凝集素附著在動脈上，而引起免疫系統的攻擊。

現在，讓我們來看看小麥胚芽凝集素和其他凝集素喜歡的糖分子是什麼。大象和人類都擁有一個特別的糖分子，讓凝集素可以附著，就是位於血管壁和負責吸收的腸上皮細胞（enterocyte）的 N- 乙酰神經氨酸（Neu5Ac）。大部分哺乳動物的腸壁和血管壁上，都有叫做 N- 羥基乙醯神經胺酸（New5Gc）的糖分子。但是，人類八百萬年前跟黑猩猩和大猩猩在演化上分道揚鑣之後，就失去製造這種糖分子的能力，而變成製造會跟凝集素聯結的 Neu5Ac 糖分子。

甲殼類、軟體動物、雞和大象也有 Neu5Ac 這種糖分子。凝集素，特別是穀物凝集素，會跟 Neu5Ac 聯結，但是不會跟 Neu5Gc 聯結。這解釋了為什麼豢養的黑猩猩即使以人類所吃的穀物為主食，也不會罹患動脈硬化或自體免疫疾病的原因，但是可憐的草食大象卻會得到冠狀動脈疾病。黑猩猩沒有會跟凝集素聯結的糖分子，但是大象和人類卻有，因此當我們吃進了草和種子裡面所含的凝集素之後，就得到了心臟和自體免疫疾病。

抗老化的新路徑

我們的目標是一個可以強化生命力的飲食法，而不只是幫助甩掉多餘的體重並維持苗條而已。所有低碳水化合物或原始人飲食法的嚴重問題，就是都會攝取相當多的特定動物性蛋白質，尤其是紅肉。紅肉已經證實是引起老化、動脈硬化和癌症的主要誘發因素。

牛、豬和羊都帶有 Neu5Gc 糖分子。當吃進牠們的肉時，免疫系統會把 Neu5Gc 當作外來者。但是 Neu5Gc 看起來跟 Neu5Ac 非常的像。有非常多的研究數據顯示當免疫系統，接觸到來自紅肉的外來 Neu5Gc 糖分子時，就會在血管壁發展出一種抗體。但由於人體的血管壁上有 Neu5Ac，結果當抗體附著在血管壁上時，就會錯把我們自己製造的 Neu5Ac 當成所吃的 Neu5Gc，使得免疫系統全面展開攻擊。

這解釋了為什麼吃蝦蟹甲殼類、軟體動物和魚的人，比吃紅肉的人，心臟還健康的原因。甚至，有研究證實癌細胞使用 Neu5Gc 來吸引血管生長在它們周圍。癌細胞會製造一種叫做血管內皮生長因子（vascular endothelial growth factor / VEGF）的荷爾蒙來吸引血管。當免疫系統攻擊 Neu5Gc 時，就會刺激 VEGF 的製造。

癌細胞甚至利用 Neu5Gc 來躲避免疫細胞，把癌細胞自己包覆在一個隱形的屏障裡。雖然人類沒有可以製造 Neu5Gc 的基因，但是我們的腫瘤裡面卻含有大量的 Neu5Gc。這意謂腫瘤細胞是從你所吃的牛肉、豬肉和羊肉得到 Neu5Gc 的。我們之所以必須禁吃紅肉的原因是為了避免自體免疫系統的攻擊，而刺激心臟疾病和癌症的發生——這些都是因為人類身上有一個會吸引凝集素基因突變的糖分子。

只含有少量動物性蛋白質的飲食法已經證實可以延長壽命。所以，真正有害長壽的是攝取了一定量的動物性蛋白質所致。這表示，攝取特定的碳水化合物，並不會像阿特金斯飲食法和原始人飲食法所宣稱的那樣有問題，只要你減少特定動物性蛋白質的攝取量即可。這些碳水化合物指的就是那些不含凝集素，或是含有體內微生物已經非常熟悉的凝集素的那些碳水化合物。

加速老化並非攝取過多蛋白質的唯一後果。前面提到攝取單醣食物會增加儲存脂肪的胰島素的製造，而吃進油脂則促使提醒大腦飽腹的瘦體素荷爾蒙分泌增加。但是，當你同時攝取糖和某些動物的特定蛋白質時，就會刺激細胞的老化受體（aging receptor），而老化受體負責感知是否有足夠的能量。

能量通常會依據季節和日光的生理時鐘而循環供應。能量如果豐沛，那就是繁衍下一代的時間。如果能量稀少，那就是節衣縮食、擺脫累贅、然後等待。在能量不足的時期，我們就會使用之前儲存的脂肪；同時，我們的粒線體也會從燃燒葡萄糖的模式，轉換成為燃燒脂肪，也就是所謂的新陳代謝彈性（metabolic flexibility）。

在那些罹患多重疾病的患者中，絕大部分都失去了所有的新陳代謝彈性。這表示他們所吃進去的富含糖分和蛋白質的食物，只會使其體重增加，更容易生病，因此減少壽命、健康和活力。

另外一個關於健康的矛盾是：我們的基因希望我們繁殖，之後就將自己代謝掉。也就是，基因不會在意我們可以活多久，活的時間只要長到可以讓後代自立即可，之後基因就會無所不用其極地希望我們讓路給下一代。我們原本在下一代出生之後就該死去，但是如果我們想要盡可能的健康長壽，飲食就必須改變。

能夠持久的原始人飲食法

現在，讓我們再回到之前提到的基塔瓦人。基塔瓦人是住在巴布亞新幾內亞裡一個小島上的部落。根據已經研究這個部落飲食數十年的瑞典醫生斯塔凡・林德柏格（Staffan Lindeberg）的報告，基塔瓦人60％的熱量來自碳水化合物、30％來自油脂（大部分是飽和脂肪酸），只有10％來自蛋白質。大部分島民都抽菸，不太做運動，但是他們卻健康地活到九十歲，而且依然活躍。他們的飲食似乎跟大部分西方傳統認為的健康理論矛盾，但是基塔瓦人卻沒有罹患大部分現代人常有的疾病。

林德柏格從基塔瓦人和瑞典人中各挑選二百二十名年齡和性別相同的受試者，進行研究，然後得到驚人的結果。二十歲以上的基塔瓦男性的身體質量指數、血壓、壞膽固醇的比例，比同樣年齡的瑞典男性還低，但是兩個群體的好膽固醇數值卻類似。六十歲以上的基塔瓦女性身上跟心血管疾病有關的壞膽固醇主要成分的脂蛋白酵素元B（apolipoprotein B）的數值，也比同年齡群組的瑞典女性低。而且，基塔瓦人從來沒有罹患過中風或心臟病。

當醣類不是醣類時

為什麼基塔瓦人吃了那麼多西方傳統認為會造成肥胖和心臟疾病的碳水化合物、飽和脂肪酸卻依然苗條，而且沒有得心臟病？答案在於他們所攝取的碳水化合物屬於抗性澱粉，所以不會變胖。抗性澱粉在腸道裡的作為，跟玉米、米、小麥和其他典型的澱粉或單醣不同。地瓜、芋頭、大蕉（Plantain）⑩和其他抗性澱粉，不會迅速轉換成為葡萄糖以燃燒成為熱量或儲存成為脂肪，而是完整通過小腸。這些食物對於腸道裡會碎解複雜澱粉的酵素都有阻抗力，所以叫做抗性澱粉。

這表示，你不是透過會讓胰島素值升高的糖來吸收熱量。更棒的是，這些抗性澱粉剛好就是醫生認為有益於腸道微生物的養分。腸道微生物吸收了抗性澱粉，就會生長，同時會把它們轉換成為醋酸鹽（acetate）、丙酸酯（propionate），以及結腸和神經元細胞最喜愛的燃料丁酸酯（butyrate）等短鏈脂肪酸。

抗性澱粉也會增加腸道裡的「好」菌比例，功能就跟益菌生一樣，不但可增強消化和營養吸收，同時也促進供應腸道黏膜層營養的微生物之生長。更多黏膜意謂著更少凝集素會穿透消化道障壁，不會帶來因凝集素所致的體重增加和災難。

抗性澱粉除了不會讓血糖或胰島素提高之外，還可透過下列方式控制體重：

- 取代麵粉和其他能夠迅速新陳代謝的碳水化合物，減少熱量的吸收。
- 讓你飽腹感持續更久，所以吃得較少。
- 在進食後，提高脂肪燃燒並且減少熱量囤積。

你不需要住在小島上每天吃芋頭，才能取得抗性澱粉。我將在第二篇介紹更多有益於腸道微生物的食物，並且說明如何備餐，以得到最大的益處。

Healthy Note

葉子如何成為高脂肪飲食？

大猩猩是非常典型的草食動物，主要以葉子維生。讓人驚訝的是，一隻大猩猩每天會吃下十六磅「無脂肪」的葉子，但這隻大猩猩在消化之後所吸收的熱量中，有

⑩ plantain：亦稱粉芭蕉，為香蕉的人工育種。

60～70％到是脂肪！怎麼會這樣？

原因在於腸道微生物會碎解植物的細胞壁，讓它們發酵成為可用的燃料，也就是脂肪，讓大猩猩可以吸收。因此，大猩猩事實上所吃的是一個非常高脂肪的飲食，就跟基塔瓦人一樣！

長壽聚落的共通點

令人憂心的是拜全球化之賜，許多傳統的飲食漸漸被典型的西方飲食所取代。基塔瓦人並非唯一健康長壽的民族，日本的沖繩、希臘的克里特島、義大利的薩丁尼亞等，三地的居民也都以長壽聞名於世。我所任教的加州羅馬林達大學地區的基督復臨安息日教會的信徒，也是知名的長壽人口。

雖然他們的飲食不同，但是所攝取的食物都是有益於腸道細菌的。如果你仔細檢視長壽者的飲食，就會在差異極大的飲食中，看到一個共通的模式。沖繩人和基塔瓦人的飲食中都含有大量的抗性澱粉，例如：紫色地瓜和芋頭。克里特島人和薩丁尼亞人的飲食則含有非常高的橄欖油；而基督復臨安息日教會的信徒雖然吃素，但是飲食中60％是油脂。

他們飲食中的共通點是什麼？就是攝取非常少量的動物性脂肪。大部分長壽人口其熱量大多來自蛋白質之外的食物。即使是像基塔瓦人和沖繩人這樣大量攝取碳水化合物的人，因為腸道微生物的幫助，都能夠把吃進去的抗性澱粉轉換成為可用的脂肪。我們將在第二篇再深入探討這些長壽族群。

披薩和雞肉讓孩子們變胖

美國人的飲食在過去一百年間劇烈改變。同時，我們和我們孩子的體重也明顯增加，尤其是在過去五十年間。以美國飲食的改變和兒童肥胖人數增加之間的關聯，做為博士研究主題的艾克隆大學（University of Akron）的麗莎安・雪莉・季特納（Lisaamn Schelli Gittner），在《從農場到胖小孩（From Farm to Fat Kids）》的書中探討美國政府農業政策所造成的無心後果，如何大幅改變了美國的食物供應，使得便宜的加工食品和精製食品得以存在，並且隨著它們的大量普及，美國的胖小孩也越來越多。

從一九六〇年代開始，因為大量種植玉米、小麥、甜菜根、芥菜子和黃豆，使得美國人飲食中的植物性食物組合，跟一九〇〇年代差異極大。種植作物的改變，也改變了美國人的飲食習慣，從過去草飼動物的肉和油脂（牛油）、吃蟲的雞、許多的根莖類蔬菜，以及非常少量的水果，變成一個含有大量不飽和脂肪酸、糖、大量水果製品（例如蘋果汁）、加工食品，非常少量的蔬菜的飲食。過去幾年來兒童身體質量指數的增加，剛好呼應了這些飲食的改變。

雖然如此，只有兩種食物完全跟兒童肥胖人數的增加有相關：披薩和雞肉。美國兒童從一九七〇年代開始大量吃這些食物。每年兒童所攝取的披薩和雞肉的量越多，他們的平均身體質量指數就越高。這兩種食物都是凝集素炸彈。

典型的披薩含有至少三種充滿凝集素的成分：小麥、含有酪蛋白A-1和類胰島素生長因子的起士和蕃茄醬。雞肉呢？現在的雞不是吃小蟲和昆蟲，而是吃黃豆和玉米，並且用類雌激素的砒霜和磷苯二甲鹽酸等化合物做為抗生素，以防止雞生病。這樣的雞肉裹上麵粉和麵包粉，再用花生油或黃豆油油炸，就變成富含雌激素和凝集素的健康炸彈。經常食用這兩種食物，會使體內的凝集素增加，最後體重也一定會跟著增加。

現在你應該徹底明白因為**食物、健康食品、燈光和新藥物的問世，使我們陷入了無法擺脫的健康危機中**。你也應該知道**我們之所以肥胖、不健康，並不是我們的錯**。現在，該是取回身體和生命自主權的時候了。

就像我和患者說的：你的身體是你永遠居住的唯一的家。如果你花在這個家的心力，就跟你花在實體的家或汽車上一樣多，就會終生健康又長壽。現在，讓我們進入第二篇，我要提供你獲得健康體重和活力的工具和指導。

第二篇

非常蔬果飲食法

Chapter 6

翻新你的習慣

現在你已經知道非常蔬果飲食法背後的科學，以及它對無數人帶來的改善，該是瞭解如何透過它增進自己的健康的時候了。

但是，在開始之前，請先記住這個計劃的四大原則，以及我在整個第二篇中要強調的最重要的一件事：每一次動搖、每一次合理化你想吃的東西、每一次聽到大腦裡一個小小的聲音說：「可是這是健康食品。」時，停！然後馬上回到接下來會提到的「原則一」。

過去十六年來主持康復醫學中心，接觸到每一位患者，我都會告知他們**原則一：停止不吃什麼，比開始吃什麼更重要**。我的患者東尼的白斑症，在開始採用這個飲食計畫之後痊癒，就是一個很好的例子。

我可以宣稱因為我的飲食計畫在抗發炎、抗氧化上效果卓著，而且單一碳水化合物的量很低又富含橄欖油等等，因此東尼的皮膚有所好轉，就像大多數飲食法發明者那樣宣稱。但坦白說，這個關於飲食法如何發揮功能的說法是錯的。為什麼？因為讓東尼健康翻轉的，並不是我跟他說要吃什麼，而是我跟他說不要吃的那些東西。

務必遵守的重要原則

下面這四個原則是成功實施非常蔬果飲食法的關鍵。

原則1：停止不吃什麼，比開始吃什麼更重要

據我所知，大奧德蒙街兒童慈善醫院的約翰・蘇希爾教授（John Soothill）是第一位提出這個原則的人。如果只遵守這個原則，而且遵循的是非常蔬果飲食法中的食物清單，我保證也可以獲得非常好且持久的健康。

我並不是叫你什麼都不吃。而是，這個原則的確符合**希波克拉提斯的格言：「所有疾病都始於腸道。」如果人停止傷害腸道，全身的健康必定會更好**。打造身體的細胞中，有百分之九十來自腸道裡的全息微生物群系。而且，打造身體的基因物質中，有99％來自腸道的全息微生物群系。

所以，在腸道裡發生的事情，不會只停留在腸道裡。從這裡進入原則二。

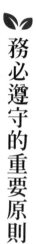

原則2：照顧和餵養腸道微生物

也就是：**給腸道微生物它們要的，就能增進健康**。

聽起來很容易，做起來卻不容易。看完了第一篇，你應該知道大多數人的腸道其實是一塊荒地。多年來使用抗生素、制酸劑、非類固醇抗發炎藥，加上高油脂、高糖分的飲食，已經嚴重破壞了我們腸道裡一度蓬勃的微生物。

我們腸道裡已經沒有優質的食物可吃，就像沙漠一樣，只有壞微生物能夠以吃進去的食物存活。壞微生物會一直需索更多的糖、精製碳水化合物及飽和脂肪酸，也就是所謂的垃圾食物。所以我們必須回到原則一，停止餵養這些壞微生物賴以維生的東西，讓它們離開。就是這麼簡單！

原則3：水果等同於糖果

忘掉水果是健康食品的想法吧！

你已經知道，我們的祖先吃當季水果是為了儲存過冬所需的脂肪。但是，現在水果一年四季都有。下一次當你認為早餐吃水果沙拉是「健康」時，你還不如點一碗糖果來吃，兩者都同樣毒害你的身體。

原則三的重點就是：只要是有子的植物，就是水果！這表示節瓜、蕃茄、彩椒、茄子和黃瓜都是水果。食用它們時，就會對人體的基因和大腦傳遞化學訊息：儲存脂肪好過冬。而且，水果裡的果糖會讓腎臟腫脹疼痛，最終傷害腎臟。

但是，有三種水果在還沒有成熟的時候可以吃，分別是：香蕉、芒果和木瓜。沒有熟的熱帶水果裡，還沒產生那麼多果糖，反而具有抗性澱粉，也就是腸道的好微生物喜歡吃的東西。生菜沙拉裡，最好有青木瓜和青芒果的切片。生香蕉粉則是製造無穀物鬆餅和烘培食品的原料。酪梨是唯一可以成熟後吃的水果，因為它完全不含糖分，而且是由好的油脂和可溶性膳食纖維所構成，非常有助於減重，及脂溶性維生素與抗氧化劑的吸收。

接下來，這個原則已經在第一篇提過，但因為很重要，所以值得列入成為第四個原則。

原則4：你所吃的東西吃什麼，你也會同時吃到

如果你吃肉、家禽、養殖的魚、雞蛋和乳製品，你的身體就是由玉米和黃豆所組成的。因為大部分養殖的家畜就是吃這些東西長大的。

我們視而不見的真相

為什麼我到現在都還沒有提到你一天可以攝取多少熱量？過去飲食法的原則是，一卡路里進來，就要有一卡路里出去，並認為我們會吸收所有的卡路里。但是，在非常蔬果飲食法中，卻不是如此，腸道微生物其實有辦法消耗吃進來的熱量。

它們會使用這些熱量來培育許多小小的分身，讓熱量無法被身體吸收，或者把熱量變成讓人有活力的特殊脂肪。在這個飲食計畫中，你的腸道好朋友終於可以吸收到該有的營養，意思就是人可以吃比習慣還多的食物量，但體重依然會變輕。事實上，你的排便量將會大大增加。接下來，我們將簡單介紹什麼是可以吃和不能吃的食物，然後在後面的章節再詳細說明。

當你完成了非常蔬果飲食法的三個階段，治好了腸道、並且增加對於富含凝集素食物的耐受力之後，可以吃的食物種類將會多很多。但是，跟大部分「飲食計畫」不同的是，這個計畫不需要計算熱量或碳水化合物的量，只要留意所攝取的動物性蛋白質即可。

無「玉米」不歡

在標準的美國食物中，玉米無所不在，尤其加工食品更是。素食餐廳非常依賴玉米油、玉米澱粉、玉米糊、玉米糖漿，以及各種從玉米萃取出來的調味料。科學家檢驗了來自速食餐廳的四百八十個漢堡，發現93％的漢堡裡含有一種C-4碳（C-4 carbon），表示漢堡裡的肉品都是來自以玉米為主食的動物。

如果在速食餐廳點雞肉三明治，裡面的肉也是由玉米做成的。事實上，這個研究中所有速食餐廳的雞肉，都是來自同一家養雞場泰森（Tyson），而泰森只餵雞吃玉米。所以，在這些速食連鎖餐廳中，玉米無所不在。

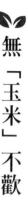

如果93％的漢堡裡面的碎牛肉都是來自玉米，接下來一個合乎邏輯的問題就是：「我的身體中有多少比例是源自玉米？」好消息可能是，源自玉米的比例少於93％。但是，加州大學柏克萊校區的科學家檢驗了美國人頭髮，發現69％來自玉米。而且讓人驚訝的是，同樣的頭髮檢驗，研究發現歐洲人只有5％是由玉米構成。

而且，還有更不好的一個消息。大部分在美國生長、用來餵食牲畜的玉米都是叫做「Bt玉米」的基因改造玉米。科學家把來自雪花蓮（snowdrop）的一種強大凝集素基因植入玉米中，改善玉米的抗害蟲力，造出了Bt玉米。只要牛、雞和豬吃進了玉米的凝集素，接著人們吃那些動物的肉或喝牠們的奶，這種凝集素就進入人類體內了！所有人都會對這種凝集素有反應，甚至在美國哺乳母親的乳汁裡也發現它的蹤跡。

另一個令人擔心的事實是，並不是只有停經婦女才會罹患骨質缺乏症和骨質疏鬆症，基改玉米也會使雞罹患這兩種骨質退化的疾病。養殖場裡面的雞會擠成一堆，就是因為玉米讓牠們的腳變得脆弱易折，使牠們無法走路。所以，女士們，下次當你早上吃了骨質疏鬆症的藥，然後午餐或晚餐吃去骨雞胸肉，請問問自己：到底是雞肉，還是骨質疏鬆症讓你雙腳無力？其實，玉米才是這一切的罪魁禍首。

因為我們所吃的動物經常性地被投用抗生素，牠們已經變成對多種抗生素都有抗藥性的細菌之宿主。幾乎每週，我們都會聽到有肉品因為致命的痢疾而被回收的消息。研究發現雞蛋、雞肉、豬肉、牛肉和牛奶都已被黃麴毒素所汙染。黃麴毒素，是玉米、小麥和黃豆裡的黴菌和真菌的有毒副產品。這些聚合物對動物和人類都有毒，會造成基因突變和癌症。早餐穀片的穀物、餵食雞的黃豆，特別容易感染黃麴毒素。雖然美國農業部規定玉米、穀物，以及餵食雞、牛和豬的黃豆所含的真菌毒素標準量，卻沒有規定我們所吃的肉品和乳製品的毒素標準含量。

事實上，這些成品的毒素含量非常高。看起來美國農業部比較關心吃到毒素的動物，而不關心吃這些動物的人類的健康。當你點雞塊來吃時，你可能從雞肉和裹粉中得到雙份的黃麴毒素。如果你再喝一杯牛奶，你被毒害得更嚴重！

別讓「好朋友」挨餓

在原則二提到的那些好的微生物，也就是人類的腸道好朋友，它們就像好鄰居一樣，願意為鄉里（身體）付出。人的責任就是保護並鼓勵它們蓬勃發展，但是現在因為壞菌的橫行，它們的需要無法被滿足，因此這些好菌躲起來不敢出來。不過，如果人類讓壞菌挨餓，並且給好菌一個求生管道，好菌就會重新出來服務鄉里。而且，好菌會開始要求人體滿足更多讓它們打勝仗所必要的原料。多年來，我看到許多原本堅持肉食和澱粉主義的患者，在實施我的飲食計畫幾個月後，都表示他們變得非常喜歡吃蔬菜沙拉。

這些人如果幾天沒有吃蔬菜，就會難過到非吃蔬菜不可的地步。他們非常驚訝自己行為的改變，這個改變其實是因為體內重新出現的好菌。這些好菌給了身體全新的飲食指令。它們現在可以坦然無懼地大聲跟宿主說：「請幫助我們照顧我們的家。」

腸道好朋友給人類最寶貴的禮物，就是引導胃口，並且管理對食物的渴求。這讓人們從與食慾的爭戰、熱量的計算和誘人的垃圾食物的捆綁中解放。給腸道好朋友它們要的，它們就會回報你。很快的，那些讓食慾大增的壞菌，就會離開你的身體。

當蛋白質的來源是魚類，並搭配大量來自綠色蔬菜和根莖類的抗性澱粉時，採用高蛋白質、高脂肪、低碳水化合物飲食法的人身上經常可見，對於垃圾食物的渴求狀態就不會發生。高蛋白質飲食法裡的油脂，往往來自牛油和其他動物的飽和脂肪。腸道裡的脂多醣會挑上這些飽和脂肪，好穿透腸道障壁，然後直接被傳送到大腦的飢餓中樞——下視丘。結果因為大腦的發炎，引爆你的飢餓感。

不會經常感到飢餓，就是非常蔬果飲食法跟原始人飲食法、部分生酮飲食法非常不同的地方。上述這些飲食法都含有大量的動物性油脂。非常蔬果飲食法則只包含適量的動物性油脂，而且這個飲食計畫也有針對全素食者和蛋奶素者的版本。那些堅持我們一定需要動物性蛋白質的人，很快就會發現大猩猩已知的一個事實：樹葉裡含有大量有助肌肉生長的蛋白質。不只大猩猩，馬也是如此，馬身上精實的肌肉並不是吃漢堡得來的。

非常蔬果飲食法概覽

革命性的非常蔬果飲食法可幫助人兼顧健康和體重管理的需要，因為它會供應身體和腸道好朋友都需要的養分。接下來三章我們將介紹非常蔬果飲食法的三大階段之內容。現在，讓我們先看看三個階段的基本原則：

第一階段：淨化斷食

透過三天的淨化修復腸道，增強好菌的能力，趕走大部分壞菌。三天之後，腸道生態將會改變，腸道也因此改變。但是，你必須直接從第一階段進入第二階段，以免壞菌又馬上回來。

第二階段：啟動實踐

非常蔬果飲食法從這裡真正開始。只要兩星期，你可以拿回你身體的健康。兩週之後，改變就會非常明顯。在這段期間，我要請你不吃或減少特定的食物，並且多吃其他清單上的食物，如同下面所列：

- 一開始，去除主要的凝集素來源（穀物、豆類、含有類雌激素物質的玉米和黃豆、會引起免疫系統高度反應的全穀物產品）、基改食品、使用年年春的作物，以及飽和脂肪。全素和蛋奶素者不用擔心，我另有預備。
- 去除所有糖分和人工甜味劑。
- 盡量減少攝取 omega-6 油脂，因為它會刺激身體進入攻擊模式，促進脂肪儲存和飢餓感。
- 不吃專業養殖場的雞肉、牲畜和牠們的乳製品，以及專業養殖的魚類。因為牠們都被餵食抗生素、玉米，以及充滿 omega-6 和年年春的豆類。

你可以吃一點點堅果、酪梨醬（guacamole）或是半顆酪梨當點心。如果吃對食物，一段時間之後，就不會想再吃點心零食。錯誤的食物只會讓你更飢餓。避免食用所有會干擾內分泌的產品。請多多食用下列食物：

- 所有綠葉蔬菜和一些特定蔬菜、足量的根莖類和含有抗性澱粉的食物。一開始會去除所有水果。之後，你可以在水果當季的時候吃，但只是作為「糖果」。
- 攝取更多 omega-3 油脂，尤其是魚油、紫蘇油（perilla oil）、亞麻子油（flaxseed oil）、酪梨、核桃、橄欖油、夏威夷果仁油。此外，也建議多攝取中鏈甘油三酸酯（mediumchain triglycerides / MCTs）。以上這些油脂都有助於加速腸道障壁的修復。
- 每天所攝取的動物性蛋白質不超過二百二十七公克。最好從野生魚類和蝦蟹類取得動物性蛋白質，因為牠們富含 omega-3 脂肪酸，而且不含有害關節的 Neu5Gc。野放雞、餵食 omega-3 飼料的雞所生的蛋，則是另一個動物性蛋白質的來源。
- 每天只能攝取一百一十三公克來自草飼或放養的非穀飼肉類，因它們比穀物和黃豆飼養的肉類含有較多的 omega-3 油脂，以及較少的 omega-6 油脂。但是，這些依然含有許多 Neu5Gc。
- 只攝取來自特定品種的牛、綿羊、山羊和水牛的乳製品，因為它們含有 A-2 酪蛋白。不過，除了印度酥油（ghee）之外，所有乳製品的攝取量都要限制，因為裡面都含有 Neu5Gc。

第三階段：減少動物性蛋白

減少所有動物性蛋白質的攝取，包括魚類。每天只能攝取五十到一百公克的動物性蛋白質，並且間歇性斷食。

在第十章介紹的「非常蔬果生酮飲食法」是特別為了那些罹患糖尿病、癌症、腎臟衰竭、失智症、帕金森氏症、阿茲海默症或漸凍症等神經性疾病的人而設計的。如果你有上述的疾病，請先做三天的淨化，接著直接參考第十章的飲食計畫。我會告訴你何時需要進行第二階段。

全素和蛋奶素者有福了

多年來，我的患者中許多是全素食者或蛋奶素者。不幸的是，他們絕大多數都是死忠的全穀物和豆類的擁護者。雖然這些植物性蛋白質已經讓他們生病，但是要求他們放棄這些蛋白質是一大挑戰。幸運的是，透過全素食和蛋奶素版本的飲食計畫，我找到了解決問題的方法。

第一個好消息是：壓力鍋可以破壞所有豆類的凝集素。因此這些壓力鍋煮熟的豆子，就可以做為蛋白質的來源。壓力鍋也可以破壞茄類和南瓜裡面的凝集素。更棒的是，用壓力鍋煮過的豆類，不但少了凝集素，更是腸道好朋友的大餐，可以增長壽命並且強化記憶力。

另外一個好消息是：大部分全食超市（Whole Foods Market）裡面所販售的豆類罐頭食品都不含雙酚A。所以，全素食者和蛋奶素食者在非常蔬果飲食法的第二階段中，可以攝取少量經過適當處理的豆類，和雖含有凝集素但無害的食物。

不幸的是，小麥、黑麥、大麥和燕麥等穀物裡面的凝集素都無法被破壞，所以還是不能吃。不過，除此之外的穀物和仿穀物裡面的凝集素，都可以被壓力鍋破壞，因此是安全的。事實上，由於凝集素被破壞了，這些食物也比較不會讓體重增加。但是，請到第三階段時，再來吃這些食物。切記：人類不需要這些穀物。所以，不論你是全素食、蛋奶素者或是想要減少攝取動物性蛋白質的人，請記住：傷害健康的是那些無法被破壞、存在於豆類和穀物中的凝集素。

Healthy Note

如何計算人體所需的蛋白質量？

攝取足量的蛋白質，我們的身體才有活力，才能組成肌肉。我們所攝取的蛋白質，必須是補足身體無法自己製造，卻又是必需胺基酸。然而，大部分美國人所攝取的蛋白質都過多，尤其是動物性蛋白質。因為政府補貼玉米、穀物和豆類等飼料的購買，使得動物性蛋白質變得非常便宜。但不論多便宜，沒有人每餐都需要吃牛排。

前面已經提到攝取並代謝大量蛋白質，跟高血糖、肥胖和壽命較短有關。甚至，動物性蛋白質裡面的甲硫胺酸（methionine）、白胺酸（leucine）和異白胺酸（isoluecine）等特定胺基酸，可能就是促進老化和癌細胞生長的罪魁禍首。

所以，到底我們需要多少蛋白質？大部分蛋白質攝取量的建議都不是根據體重，而是根據你的淨體重（Lean Body Mass，LBM）⓫而來，因此需要複雜的計算才能得知。為了方便計算，南加州大學長壽研究院的瓦爾特・隆戈博士（Dr. Valter Longo）和我一致同意每公斤體重只需零點三七公克的蛋白質。把體重乘以零點三七，就是每天所需的蛋白質量。

為了更有概念，你可以這樣想：一匙蛋白質粉、兩顆半的蛋、五十到八十五公克的魚或雞肉、一罐八十五公克的鮪魚罐頭、一罐一百公克的沙丁魚罐頭，或一罐一百二十公克的蟹肉罐頭，這些都含有二十公克的蛋白質。要判斷所攝取的動物性蛋白質的量，最好的方法就是遵守「吃一個就夠了」，意思就是每天只要吃一次八十五公克的蛋白質即可。

⓫ Lean Body Mass，LBM：人體的總體重減去脂肪量，稱為淨體重。

此外，不要落入每一餐都要攝取必需胺基酸的迷思。從演化的觀點來看，這完全沒有意義。我們的祖先並沒有每餐都檢查他們的食物，確定是否吃到正確的蛋白質組合。我們的身體會回收必需的胺基酸重複使用，所以我們不需每天都從食物攝取所有必需胺基酸。

而且上述計算，並沒有把我們每天從自己腸道和黏液回收的約二十公克的蛋白質加入。也就是，黏液和腸道壁細胞含有的蛋白質，只要黏膜和腸道壁細胞死亡並被取代，腸道就會消化掉這些蛋白質。我們的消化系統是非常有效率的！

因此如果真的很仔細計算的話，可以再減掉一半的蛋白質量，因為人體每天都會回收腸道的蛋白質。其實，我們所需要的蛋白質少得驚人。

實際飲食中，就是如果早餐吃了兩顆中型大小的蛋（約十五公克蛋白質）、午餐吃一份加了三十公克山羊起士（約五公克蛋白質）的大生菜沙拉、點心是幾茶匙的開心果（約三公克蛋白質），晚餐吃了八十五公克的鮭魚（約二十二公克蛋白質），蛋白質量就已經過多，而且我還沒有把蔬菜裡面的蛋白質計算在內。是的，蔬菜裡面含有蛋白質。半杯清蒸花椰菜裡就含有一公克蛋白質；半杯去皮地瓜有兩公克蛋白質；而一顆朝鮮薊則含有四公克蛋白質。蛋白質的量很快就達標。

不過，我在非常蔬果飲食法初期階段中，對於蛋白質的量很寬容。但到了第三階段，將必須努力限制整體蛋白質攝取量，以及動物性蛋白質的量。

不要再有藉口

在第一篇中，我提到許多大家認為健康的食物，事實上名實不符。你作為非常蔬果飲食法的新鮮人可能還有一些懷疑，不知道放棄全麥、有機雞肉、牛乳優格、毛豆、豆腐和其他以「健康」之名行銷的食物是否明智？你必須克服這一關，才能透過非常蔬果飲食法得到成功。

這個計畫非常簡單，但如果你已習慣吃蛋白質超量的典型美式飲食，甚至已習慣性攝取所謂的健康食物，那你的心理和身體狀態的確需要做一些調整。就像如果你吃很多蔬菜，卻分不清楚馬鈴薯和地瓜的差別的話，是時候有所調整。

Chapter 7

第一階段　開始三天的淨化期

歡迎來到非常蔬果飲食法第一階段：三天的淨化。

你現在已經知道，細菌和其他單細胞有機生物可以在許多層面上控制人類，包括貪得無厭的胃口、吃不好的食物。這些入侵者已經占領人類的腸道，在裡面開派對，後果卻由人來承擔。該是把它們趕出去的時候了！

就跟園丁或農夫在種植之前必須讓土壤就緒一樣，在開始播下健康的種子之前，你必須讓腸道的環境就緒。根據我診所數千名患者的經驗，如果腸道已經受損，就算吃了所有有益健康的食物，仍無法從中獲益。這也是為什麼這三天的淨化這麼重要的原因，因為它啟動了腸道的修復之旅。

許多設計嚴謹的研究已經證實三天的淨化可以完全改變腸道裡的菌種，但是，只要恢復舊有的飲食一天，所有好菌都會離開，壞菌會再回來。一直以來，大家關注的焦點都放在大腸，但是最近卻有研究顯示真正的戰場是在小腸。由於我們還沒有發明出可以接觸到小腸的工具，所以醫生和科學家把重點放在患者的糞便。

到目前為止，只有非常蔬果飲食法關注整個腸道的問題，以及那些在體內和體外生活的微生物好朋友。因為讓腸道好朋友存活非常重要，所以在三天的淨化之後，你必須直接進入第二階段。雖然研究證實三天的淨化確實能夠改變腸道微生物菌叢，但是你也可以自由選擇是否進行第一階段。也可以直接進入第二階段，只是需要久一點的時間才能看到成效。

趕走壞東西

在腸道「種植」新的作物之前，請先拔除壞東西，讓「土壤」就緒，以迎接好東西進來。只要三天，這個修正版的斷食和淨化，不僅能夠修復腸道，也會讓那些害我們生病、變胖、刺激免疫反應的腸道壞菌挨餓，最後趕走它們。完整的淨化包含三大元素，雖然我建議你三個元素都做到，但是即使只做到三天飲食計畫，還是會有效果。

元素1：可吃和不可吃的食物

在三天淨化期間，你不可以吃乳製品、穀物和仿穀物、水果、糖、種子、蛋、黃豆、茄科植物和根莖類。另外，玉米油、黃豆油、芥花油和所有會造成發炎的油品、牛肉和所有專業養殖的肉，也不可以吃。

但是，你可以吃蔬菜、少量的魚或非穀飼雞肉這些美味。我們也提供全素和蛋奶素版本的菜單。這個三天淨化食譜是由我的好朋友伊琳娜・斯科克司（Irina Skoeries）所設計的。斯柯克司是 Catalyst Cuisine 的創辦人。她為第一階段所設計的部分食譜也會出現在第二階段中。第274～275頁所列的第一階段食譜也包含了全素和蛋奶素版本。第301頁的食譜也有全素和蛋奶素版本。只要拿掉不可以吃的食物，你也會消滅所有的發炎，讓身體開始得到醫治。

淨化食譜所需要的材料，在大部分超市都可以找到。你可以調整伊琳娜設計的食譜，或者依照下列指導原則，自己設計食譜也可：

蔬菜

- 歡迎來到美妙的蔬菜世界，尤其是包心菜家族，包括：青江菜、綠花椰菜、球芽甘藍、任何顏色和種類的高麗菜、白花椰菜、羽衣甘藍和芥菜。綠色蔬菜則包括：菊苣、所有萵苣、菠菜、瑞士甜菜和水田芥。此外，朝鮮薊、蘆筍、芹菜、茴香和白蘿蔔，以及薄荷、荷蘭芹、羅勒和香菜等新鮮香草，還有大蒜和各種洋蔥，包括：韭菜和蝦夷蔥等。此外，海帶、海藻和海苔片也可以吃。
- 這些蔬菜你可以盡量吃，不論是熟食或生食皆可。如果你有腸躁症（irritable bowel syndrome / IBS）、小腸細菌過度增生（small intestine bacteria overgrowth / SIBO）、腹

瀉或其他腸胃疾病，則請限制生菜的量，或者徹底煮熟。

蛋白質

- 每天不要攝取超過二百公克的野生魚，例如：鮭魚、蝦蟹類或烏賊等海鮮，或非穀飼的雞⓬。建議分成兩次一百公克的分量（相當於一副撲克牌的大小）。素肉、不含穀物的天貝（Tempeh）⓭、大麻子豆腐（Hemp Tofu）⓮也可。

油脂和油品

- 每天都應該吃一整顆酪梨。所有型態的橄欖也都可以吃。
- 只使用酪梨油、椰子油、夏威夷果仁油、麻油、核桃油、特級初榨橄欖油、大麻子油和亞麻仁油。液態椰子油、紫蘇油和海藻油（Thrive algae oil）也是不錯的選擇，一般商店可能很難買到，但是網路上應該都買得到。

⓬ 台灣目前市面上販售的多為穀飼雞肉，非穀飼雞肉須特別向放養農場訂貨。

⓭ tempeh：盛行南洋的一種天然發酵大豆製品，蛋白質吸收率高達95%，並且含有維生素B_{12}，在歐美被視為最佳肉類替代品。

⓮ hemp tofu：以大麻子為原料，用製造豆腐的方式製作成的類似豆腐的食品。

點心

• 一或兩份蘿蔓生菜船佐酪梨醬（第308頁），或加了檸檬汁的半顆酪梨，或是四分之一杯岡博士的美味綜合堅果（第316頁），或所有可以吃的堅果的綜合皆可。

調味

• 使用新鮮檸檬汁、醋、芥茉、新鮮現磨黑芝麻和海鹽，以及你最喜歡的香草和香料。
• 避免食用所有市售的現成沙拉醬。

飲料

• 每天早上喝一杯鮮綠奶昔（第301頁）。
• 每天喝八杯水，礦泉水或義大利的氣泡水。
• 大量喝綠茶、紅茶或香草茶、正常咖啡因含量和去咖啡因的咖啡。
• 可以視個人喜好，在茶或咖啡中加入甜菊葉糖。

重要提醒

• 每天最少睡八小時再加上中等強度的運動，最好是戶外活動。

只吃最好的

你用來製造餐點和點心的食物來源和品質非常重要。最好選擇下列食物：

- 所有蔬菜必須百分之百有機。
- 新鮮或冷凍的蔬菜皆可。若是新鮮的蔬菜，選擇當季並且是用永續農法在地種植的蔬菜。
- 所有魚類和蝦蟹類都必須是野生捕獲的。
- 所有雞肉都必須是非穀飼的。

不過，就像我經常說的，盡力就好。依照這些指導原則，可以確保所吃的食物能提供的營養素最多，而且干擾物質和凝集素最少。我知道有些東西可能買不到有機的，只能使用傳統農產品，但是飲食成分越純淨，淨化的效果就越好。

為了確保烹飪時不會產生發炎物質，只能使用特定的油品。第一階段的食譜（見第301～308頁）使用酪梨油來煎，但也可使用上述所列的其他油品。千萬不要在高溫下使用特級初榨橄欖油，不過低溫可以。大麻子油和亞麻子油則完全不能加熱，所以只能做為生菜沙拉和其他蔬菜的拌醬。

若要節省時間，請參考第300頁的「淨化輕鬆做」的祕訣。

元素2：預備「土壤」除掉「雜草」

我年紀最大的患者是一百零五歲的蜜雪兒Q。她現在還是踩著兩吋高跟鞋、盛裝打扮、完美的髮型和妝容，走進我的辦公室。十五年前當她來找我時，我問她為什麼來找我，她說我是唯一一位跟已經過世的偉大營養學家蓋洛德‧豪瑟（Gaylord Hauser）提倡相同理論的醫生。她二十幾歲的時候，因為豪瑟而人生翻轉。拜蜜雪兒之賜，我讀了豪瑟的所有著作，並把他的理論整合到我的實務運作裡。我在自己和患者身上測試他的理論，而我們的血液檢測結果證實了他大部分的教導都是正確的。

豪瑟的第一個原則就是先盡可能地淨化腸道。他的藥草通便劑的目的，就是在預備腸道，除掉壞東西，以預備「土壤」，接著再「種植」新的作物。雖然不是非做不可，但是使用Swiss Kriss草本通便片或類似的商品來淨化腸道，的確可以作為非常蔬果飲食法的開始。Swiss Kriss的主要成分是番瀉葉——每一顆裡面含有八點五毫克。

其他成分則包括：洋茴香子、金盞花、藏茴香、洛神花、桃葉、薄荷油、草莓葉和一些結合劑。成年人一次吃兩片，睡前服用。如果擔心可能造成的不舒服感，你可以選擇不用。如果選擇服用，建議在開始淨化的前一晚，搭配一杯水服用。接下來的幾天都不需要再服用。建議可以在隔天早上不需外出的前一晚服用，以開啟之後三天的淨化。

元素3：營養輔助品

理想上，你可以做到比土壤預備和殺死雜草還要多的事。有好幾種天然營養輔助品有助於殺死腸道裡的壞菌、黴菌和真菌。雖然這些都不是絕對必要，但如果你患有腸躁症、腸漏症，或任何免疫系統疾病，請將下列營養輔助品列入考慮。我將在第264～272頁提供營養輔助品的劑量。這些營養輔助品包括：

- 奧瑞岡葡萄根萃取（Oregon grape root extract）或它的有效成分小檗鹼（berberine）。
- 葡萄、柚子萃取。
- 蘑菇或蘑菇萃取。
- 黑胡椒、丁香、肉桂和苦艾以殺死寄生蟲、黴菌和其他不好的腸道菌叢。

淨化後的改變

容我提醒你，即使只有短短三天的斷食或淨化，體內的微生物生態就會改變。但是如果做完淨化或斷食後又回到原本的飲食習慣，那已經改善的腸道微生物菌叢就會死去，壞菌則會回來報仇。不過，如果立刻轉換到一個對腸道好朋友好的飲食，也就是進入非常蔬果飲食法第二階段，就能穩固之前的努力成果。

在三天的淨化之後：

- 腸道細菌生態一定會改變。
- 會減掉一點五到二公斤的體重，主要都是水分的重量。
- 發炎狀況明顯減少。
- 因發炎減少而精神變好。
- 因立刻進入第二階段，穩固了健康改善和體重減輕的成果。

斷食淨化的成功祕訣

在這三天中，所吃的食物是很美味的；然而，身體可能會想念所有之前習慣，但會讓人體發炎的食物。你可能會感到一點餓，也許有點體力不濟。如果覺得需要吃比第一階段飲食計畫規定還多的東西，請選擇可吃蔬菜清單上的東西來吃。但是千萬不要吃超過兩份的酪梨醬或酪梨，或是吃更多魚或雞肉。在可以吃更多東西之前，多喝水。

你可能會在這三天中非常討厭我！但是，到了第四天，進入第二階段後，你會很高興自己的體力已經恢復，而且牛仔褲明顯變鬆了。

再提醒大家，第一階段結束之後，務必馬上進入第二階段。為了讓體內的腸道好朋友能效力，請在第四天早上開始第二階段。

Chapter 8
第二階段　六週的修理與復原期

如果船正在漏水，水不斷滲進來，除了快一點把水舀出去外，最有效的方法是把洞塞起來。同樣地，如果健康有問題，現代醫學的做法是減緩它的進程，但這無法真正解決問題，真正需要的是終止疾病的發展。到這時候身體才會開始醫治自己；只要去除無法讓身體得到改善的食物和其他根源，它就有能力自我修復。

現在你已經啟動了非常蔬果飲食法中的除草階段，接下來讓我們進入最少為期六週的修復歷程吧！第一步就是停止吃那些富含凝集素的食物，讓它們無法繼續在腸道壁穿孔。如果你已經完成了三天的淨化，那應該已經開始不吃這些食物了。

再強調一次**原則一所說的：不吃那些不好的食物，才有助改善健康**。只要牢牢記住這一點，並且每天實踐，就可以前進到**原則二：只吃特定的食物，並且服用特定營養輔助品，以滋養那些經過第一階段的三天淨化之後，不再躲起來的腸道好朋友**。同時，繼續不吃那些壞菌喜歡、有害健康的食物，好餓死壞菌。

剛開始的前兩週比較辛苦，因為不能吃許多所謂的健康食物——其實這些食物只會讓你生病。你可能甚至會發生一些戒斷症狀，例如：精神不濟、頭痛、脾氣差和肌肉抽筋等。只要熬過這兩星期，就會看到很好的效果。但是，若要養成新的飲食習慣，則至少需要六週的時間。只要堅持六週，之後就會習慣成自然。

接下來兩週，你只能吃下列食物清單中的「綠燈」食物，而「紅燈」食物，則一個都不能吃。第276～283頁的第二階段食譜裡含有許多「綠燈」食物，而且也有全素和蛋奶素版本。根據你自己在第二階段的身體反應，可以考慮慢慢再重新吃清單中一些含有凝集素的食物。但是，我建議最好在六週裡都先不要吃這些食物。建議你影印這張清單，隨身攜帶，不論到超市或餐廳，甚至在辦公室裡都放一張，很快遵循清單飲食就會變得非常自然。

對於那些沒有耐心，想要直接從非常蔬果飲食法第二階段開始的人，我建議還是花一點時間回去看前面的章節，以瞭解為什麼這個飲食計畫有助健康。非常蔬果飲食法是一個終身奉行的飲食習慣，並不是短時間有效之後就可以恢復原來飲食的飲食法。

非常蔬果飲食法可以吃的「綠燈」食物

油品			甜味劑		堅果與種子（每天半杯）			
海藻油（Thrive品牌）	椰子油（MCT油）	紅棕櫚油	甜菊葉糖	菊糖	夏威夷果仁	椰肉	巴西堅果（限量）	亞麻子
橄欖油	酪梨油	玄米油	Just Like Sugar（菊苣根製作而成）	羅漢果	核桃	椰奶		大麻蛋白粉
椰子油	紫蘇油	麻油		赤藻糖	開心果	榛果	大麻子	車前子
夏威夷果仁油	核桃油	鱈魚肝油	菊薯（yacón，又稱雪蓮果）	木糖醇	美國山核桃	松子（限量）		

巴西堅果

大麻子

粉類	椰子粉	杏仁粉	榛果粉	芝麻粉（子）
	栗子粉	木薯粉	綠香蕉粉	地瓜粉
	油莎豆粉（Tiger nut）		葡萄子粉	葛根粉
麵條類	Cappelo's的義大利細麵條和其他麵條			Pasta Slim
	蒟蒻麵條	海藻麵條	寒天麵條	韓國地瓜粉絲
	蒟蒻米（Miracle Rice）			
醋	所有皆可（不含糖）			
酒	每天180公撮（C.C）			
烈酒	每天30公撮（C.C）			

乳製品（每天三十公克起士或一百二十公克優格）	真正的義大利帕瑪森乾酪（Parmigiano-Reggiano：至少熟成兩年，在特定義大利地區生產）
	法國／義大利奶油、水牛奶油、印度酥油、山羊乳優格（原味）
	以山羊奶製作的奶精、山羊起士、奶油、椰子優格
	山羊和綿羊克菲爾（kefir）酸奶、綿羊起士和優格（原味）、法國／義大利起士
	瑞士起士、義大利水牛莫札瑞拉起士（mozzarella）
	乳清蛋白粉、酪蛋白A-2牛奶，當做奶精使用
	有機濃稠鮮奶油（heavy cream：動物性脂肪含量36%以上的鮮奶油）
	有機酸乳酪（sour cream）、有機乳酪起士（cream cheese）
香草和調味品	所有皆可，辣椒片除外、味噌
冰淇淋	非乳製品的椰奶冰淇淋：So Delicious 牌藍標只含有一公克的糖 LaLoo's的山羊奶冰淇淋

起士

水果（除了酪梨之外，其餘皆須限量）

酪梨	藍莓	黑莓	覆盆子
草莓	櫻桃	西洋梨	
奇異果	蘋果	柑橘類（不可喝果汁）	
油桃	桃子	李子	杏桃
無花果	棗子	石榴	

蘋果

覆盆子

十字花科蔬菜

綠花椰菜	球芽甘藍	白花椰菜	青江菜
大白菜	瑞士甜菜	芝麻菜	西洋菜
羽衣甘藍葉（collards）	大頭菜	羽衣甘藍（kale）	高麗菜和紫高麗菜
紫葉菊苣（raddicchio）		德國酸菜	韓式泡菜

蕪菁

橄欖

全部皆可

其他蔬菜			
仙人掌葉	西洋芹	大蔥	韭菜
蝦夷蔥	洋蔥	菊苣	生紅蘿蔔
紅蘿蔔葉	小蘿蔔	生甜菜根	朝鮮薊
日本白蘿蔔	菊芋（Jerusalem artichoke 或 sunchoke）		
棕櫚心（hearts of palm）		香菜	秋葵
蘆筍	大蒜	蘑菇	

洋蔥

朝鮮薊

葉菜			
綜合生菜沙拉（嫩葉）	紅葉和綠葉萵苣	茴香	
蘿蔓生菜	菠菜	苦苣	蒲公英葉
奶油萵苣	闊葉苦苣	芥菜	京水菜
荷蘭芹	羅勒	薄荷	馬齒莧
紫蘇	海藻	海帶	海菜

茴香

	Siete 牌用木薯粉、椰子粉和杏仁粉做的墨西哥薄餅		Barley Bread 牌的麵包和貝果	
	Julian Bakery Paleo Wrap 用椰子粉製作的捲餅和椰子片早餐穀片			
	葡甘露聚醣（蒟蒻根纖維素）			
抗性澱粉（灰色區塊皆適量食用）	青香蕉	猴麵包果（Baobab fruit）		
	青大蕉	木薯	地瓜	大頭菜
	絲蘭根（yucca）	芹菜根	柿子	豆薯
	芋頭	青木瓜	油莎豆	青芒果
	小米	高粱	歐洲蘿蔔	蕪菁
黑巧克力	純度72%或以上（每天三十公克）			

猴麵包果

蛋白質棒	Quest蛋白質棒：檸檬、乳酪派、香蕉堅果、草莓、起士蛋糕、肉桂捲、雙重巧克力片			
	B-Up蛋白質棒（或Yup蛋白質棒）：巧克力薄荷、巧克力碎片、厚片餅乾、糖餅乾			
	Human Food 蛋白質棒	Adapt蛋白質棒：椰子、巧克力		
魚（所有野生捕獲的魚，每天一百二十公克）	白鮭	淡水鱸魚	阿拉斯加扁鱈	罐頭鮪魚
	阿拉斯加鮭魚	夏威夷的魚	蝦子	螃蟹
	龍蝦	扇貝	魷魚／烏賊	蛤蜊
	牡蠣	淡菜	沙丁魚	鯷魚
肉類（草飼，每天一百二十公克）	野牛	野生禽類	鹿肉	野豬
	麋鹿	羊肉	義大利燻火腿	
	牛肉	豬肉（有機放養）		

素肉	Bacon-Style Slices 大麻子豆腐	Hillary's Root 的素食漢堡		
	天貝（不含穀物）			
非穀物家禽（每天一百二十公克）	雞肉 	土雞	鴕鳥肉	鴨肉
	非穀物雞雞蛋或含有 omega-3 的蛋（每天最多四顆）			鵝肉
	雉雞	松雞	鴿子	鵪鶉

非常蔬果飲食法不可以吃、含有凝集素的「紅燈」食物

精緻澱粉類食物	義大利麵	米飯	馬鈴薯	洋芋片
	牛奶	麵包	墨西哥薄餅	甜點
	麵粉	餅乾	早餐穀片	糖
	龍舌蘭糖漿	Sweet One 和 Sunett 代糖（醋磺內酯鉀 / Acesulfame K）		減肥飲料
	Splenda 代糖（三氯蔗糖） NutraSweet 代糖（阿斯巴甜）		Sweet'n Low（糖精）	麥芽糊精
非南歐牛所產的乳製品（這些都含有酪蛋白A-1）	優格（包括希臘優格）		冰淇淋	冷凍優格
	奶酪	起士	茅屋起士（cottage cheese）	
油品	大豆油	葡萄子油	玉米油	花生油
	棉子油	紅花子油	部分氫化蔬菜油	芥花油

堅果和種子類

南瓜子	腰果
葵花子	
奇亞子	
花生	

水果（有些被當作蔬菜）

小黃瓜	蕃茄	枸杞
節瓜	茄子	
南瓜	彩椒	
甜瓜類	辣椒	

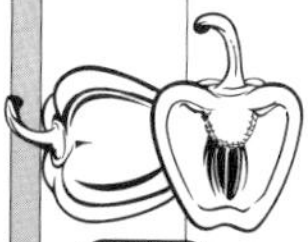

蔬菜

豌豆	鷹嘴豆	素食植物性蛋白（textured vegetable protein／TVP）	黃豆蛋白質
甜豆（sugar snap pea）	黃豆		碗豆蛋白質
有莢的豆類	豆腐		所有豆類，包括豆芽所有扁豆類
四季豆	毛豆		

＊全素者和蛋奶素者可以在第二階段食用這些豆類，但是必須用壓力鍋烹煮過。

克菲爾菌穀物、發芽穀物、仿穀物和禾草類穀物			
單粒小麥（Einkorn wheat）	高拉山小麥（Kamut）		
小麥	藜麥	黑麥	
布格麥（Bulgur）	燕麥	白米飯	糙米飯
菰米	大麥	蕎麥	Kashi 穀物
斯佩爾小麥（Spelt）	玉米	玉米製品	
玉米澱粉	玉米糖漿	爆米花	小麥草
大麥草			

不可以就是不可以

在「不可以吃」清單上面的食物，是人類在一萬年前開始種植穀物和其他作物時，才開始吃的食物。在此之前，我們的祖先從來沒有吃過穀物、仿穀物和豆類。因此，我們的祖先和腸道好朋友從來沒有處理過這些種子的凝集素。根據演化，要在一萬年之內發展出一套可耐受新種類凝集素的免疫系統，是不可能的任務。

非常蔬果飲食法裡面的食物則完全不含這些種子。在這個飲食計畫裡，將會吃到那些數百萬年來讓人類保持活力的食物。這些有益健康的植物裡的凝集素，因為已經存在於人類飲食中很久，所以免疫系統和腸道好朋友已經跟它們發展出親密共生的關係。並非所有凝集素都有問題，但是我們的確需要花很長的時間，才能處理它們所傳遞的信息。由於這些植物的訊息已經與人類共存好幾百萬年，所以這些植物才能促進人類健康。

所以請問你：你願意信任一個人類已經與之共處數百萬年，並且發展出互惠關係的植物、還是一個人類只相處幾千年的植物？根據我所治療過的好幾千名患者，我保證第一個答案是正確的。

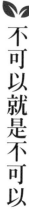

白色就是好的

前面討論過，所有文化都在設法處理那些會讓人類生病的凝集素。十萬年來，人類一直設法讓麵包變白。大部分害人的凝集素，尤其是小麥胚芽的凝集素，都在殼裡面，而殼會讓麵包顏色變深。大部分文化已經成功擺脫植物的殼，例如法國麵包和白色的義大利麵。義大利人絕對不會吃棕色的義大利麵！米飯也是如此。人類在八千年前開始種植稻米，為什麼要大費周章地去除稻殼？因為稻殼含有凝集素。

但是，近幾年卻因為鼓吹「全穀物很營養」的觀念，把我們祖先無所不用其極想要去除的凝集素，又加入我們的飲食中，使得人類健康進入災難。各種全穀物的法國麵包、可頌、義大利麵、壽司米和蕎麥麵等，只會毒害我們的健康。

凝集素之王

我們已經知道，豆類也是人類飲食中的新成員。小小一顆豆子卻含有食物中最高的凝集素量，對健康影響重大。五顆黑豆就會讓血液在五分鐘之內凝結成塊。在蓖麻豆裡面發現的蓖麻毒蛋白（ricin）是目前已知最毒的凝集素。幾個蓖麻毒蛋白分子能夠在幾分鐘之內殺死一個人。

近幾年來，美國的校園和醫院因為倡導健康飲食，經常沒有把豆類完全煮熟，因而造成了多起食物中毒事件。根據疾病管制局，美國20%的食物中毒案是因為沒有煮熟的豆類裡所含的凝集素所致。吃豆類罐頭也會使血壓升高，這全是因為大部分豆類罐頭含有的**BPA**和豆子的凝集素所致。

豆腐、毛豆和其他沒有發酵的黃豆製品也是如此。它們絕對不是健康食品。請記住，這些食物是我們餵食那些即將宰殺、以讓牠們增肥的動物的食物。不過，豆類雖然有這麼多健康上的疑慮，但是只要使用壓力鍋，就可以破壞這些凝集素，保留裡面的營養素。

乳製品的兩難

另外一個被認為非常健康的食物則是乳品，但它們其實並不全都有益健康，至少牛奶就不是。如果你有乳糖不耐症，或者牛奶會使你的黏液增生，你應該是對類似凝集素的酪蛋白A-1過敏。

幸運的是，山羊、綿羊的奶和乳製品不含這種酪蛋白，所以是非常蔬果飲食法中可以接受的。但是它們仍然含有跟癌症和心臟病有關聯的Neu5Gc，所以適量食用即可。

新世界的凝集素

哥倫布發現新大陸，也一併把新世界的植物引進到歐洲、非洲和亞洲。我那些支持原始人飲食法的朋友，並不知道哥倫布發現新大陸之前，從來沒有歐洲人、非洲人和亞洲人接觸過這些新世界的植物。

因此，原始人飲食法裡面的食物互相矛盾。反對穀物，卻喜愛來自美洲的植物，包括：茄科家族和南瓜家族，以及花生、腰果、葵花子、奇亞子和南瓜子，而茄科植物裡面含有茄鹼這種神經毒素。其實所有新世界的植物都含有有害人類健康的凝集素，而且人類是直到五百年前才開始吃這些植物。甚至對於來自亞洲的美洲原住民，這些植物也是「新」的。

《原始人飲食法（The Paleo Diet）》一書作者羅瑞・柯丹（Loren Cordain）指出，研究證實人類的確可以吸收奇亞子裡的 omega-3 油脂。只不過有一個小問題：發炎。事實上，食用奇亞子的受試者的發炎指數都微幅提高，而不是如預期的降低。所以，他們確實可能從奇亞子中多攝取了一些 omega-3 脂肪酸，但因蒙受凝集素的毒害而得不償失。

Healthy Note

花生其實不是堅果

源自美洲的花生，其實是豆類，並不是堅果。因此，它充滿了有害的凝集素。94%的人類身上都有對抗花生凝集素的抗體。花生裡的凝集素會使實驗室動物的動脈粥狀化（atherosclerosis），但是只要移除花生凝集素，就不會產生動脈粥狀化。如果把吃了花生的人類的糞便餵食老鼠，會在老鼠的結腸上發現癌前病變（precancerouslesion）。所有這些危險的後果都是因為攝取了花生凝集素所致。

Healthy Note

惱人的腰果

腰果的名字雖然像堅果，但其實它並不是堅果。它源自亞馬遜雨林，是一種豆類，跟水果夾雜垂吊在樹上。因為腰果含有凝集素，所以亞馬遜人不吃它，只吃水果。採摘腰果的工人必須戴手套，才能保護自己不受腰果外殼的傷害。根據醫學案例，許多人因為吃了腰果醬或腰果而長疹子。腰果其實跟有毒的野葛（poison ivy）同屬一個家族。根據我的臨床經驗，腰果會引起嚴重的發炎反應，尤其是類風濕性關節炎。

玉米和藜麥的毒害

美國飲食中最糟糕的兩大凝集素來源就是玉米和藜麥。我們已經探討過玉米的毒害，但是你知道法國在一九〇〇年就因為玉米不適合人類而禁止食用，只拿它來給豬增肥？當時在以玉米為主食的義大利北部，則爆發了先天性智能障礙疾病克汀症（cretinism，又稱「先天性碘缺乏症候群」）。其實，玉米也不適合牛吃。

藜麥這個仿穀物也是問題重重。印加人有三道程序來去除藜麥裡面的凝集素。首先，他們會浸泡它，然後讓它發酵，最後才煮來吃。如果你吃過藜麥，應該就知道包裝上並沒有告訴你前兩個程序。大部分吃無麩質食物的人喜歡用藜麥來取代穀物。事實上，藜麥裡面的凝集素只會更加破壞他們的腸壁。

致命的茄科植物

茄科植物包括：茄子、馬鈴薯、椒類、枸杞和蕃茄。你知道義大利人在做蕃茄醬前，都會去掉含有凝集素的皮和子嗎？聰明的義大利人甚至栽培出肉比皮和子多的羅馬蕃茄

（Roma tomato）。此外，蕃茄醬和披薩不過是一百二十年前才出現的食物，所以就演化而言，是非常新的食物。

美國東南部的印第安人在吃任何椒類之前，都會先烤、去皮和去子，以去除凝集素。義大利紅椒和青椒罐頭裡面的椒類也都如此去皮去子。塔巴斯科辣椒醬（Tabasco）則是利用細菌發酵來破壞辣椒裡面的凝集素，就跟印加人處理藜麥的方法一樣。

許多證據顯示發酵可以大幅減少凝集素的量。發酵可以減少98%的豆類凝集素含量。使用壓力鍋烹煮可更快速減少凝集素的量；只是，對於那些含有麩質的穀物，這方法不適用。

把乾燥的穀物泡在水中，並沒有辦法移除凝集素或脂多醣。發芽的豆類不會因此比較好消化。事實上，它反而會增加凝集素的量。實驗證實，餵食動物發芽的豆類或穀物，會導致癌症。我們在下一章將深入討論，去掉蕃茄、椒類和南瓜類的皮和子，的確有助於減少凝集素量。

南瓜家族也別碰

南瓜家族中，除了小黃瓜之外，其餘都是哥倫布從新世界引進非洲和歐洲的美國原生植物。因此，人類幾乎沒有能力應付南瓜家族的凝集素。所有有子的「蔬菜」，例如：南瓜和節瓜，都是在夏天生長的水果。

這些夏季水果裡面的糖分提醒大腦冬天要來了。所以，因為下列這兩大理由，我們必須避免吃南瓜家族；凝集素，及它們對身體發送的「儲存脂肪好過冬」的信息。

控制蛋白質攝取量

如果你餵魚、雞、牛、豬或羊吃穀物或豆類，牠們就變成走動的玉米或黃豆。這個現象是過去五十年才發生的，剛好跟我們這五十年流行的健康疾病吻合。有些最危險的植物凝集素充斥在我們喜愛的動物性食物中。這只是為什麼必須控制蛋白質攝取量的原因之一。

許多研究證實我們整個社會攝取過多蛋白質。從小，我們就蛋白質成癮；攝取現代的動物性蛋白質，是導致我們肥胖的主要原因。世界知名的長壽者，終其一生所攝取的蛋白質量都非常少，尤其是動物性蛋白質。限制動物性蛋白質的量，包括魚在內，可以改善健康並延長壽命。

好油脂和壞油脂

在不可以吃的「紅燈」食物表中的油脂，全部都是用化學方法從含有凝集素的種子或豆類萃取的，所以要盡量避免食用。我以前建議食用芥花油，但是因為幾乎所有芥花油都是從基改種子萃取的，所以現在列入不可食用的油。

從現在開始，至少在兩週之內，我也要你限制所有長鏈飽和脂肪油脂，例如：椰子油和動物性油脂，以及大部分的單元和多元不飽和長鏈脂肪油品，例如：橄欖油、酪梨油和MCT油。同時，也要限制起士、酸乳酪、重乳酪和奶油起士（即使來自草飼動物的，也必須限制）；凡此種種，都含有飽和脂肪。

在這個階段，我建議使用紫蘇油。它含有最高量的迷迭香酸（rosemarinic acid），有助改善認知和記憶。它也是韓國、日本和中國的主要食用油。你可以在亞洲超市、天然食物商店、Whole Foods Market和網路商店買到。紫蘇油也含高量α亞麻酸。α亞麻酸是法國里昂地區用來治療心臟疾病的一種omega-3油脂，而且效果比美國心臟協會所建議的低脂飲食還好。里昂心臟飲食法（Lyon Heart Diet）在一九九四年所設立的有益心臟健康飲食的黃金標準中，也包含此油。

另外一項好油則是MCT油，它是百分之百的生酮。它又稱為液態椰子油，因為即使處於低溫，它仍能保持液狀。MCT油的生酮能夠輕易燃燒，供應身體能量，因此不會變成身體的脂肪。一般椰子油含有脂多醣喜歡附著的長鍊脂肪酸，但MCT油則沒有。其他好油包括：夏威夷果仁油、核桃油、酪梨油、Thrive牌海藻油和印度酥油。你也可以把柑橘味的鱈魚肝油淋在生菜沙拉或煮熟的青菜上。

在「綠燈」清單上面的所有油品，都能夠阻斷脂多醣，使它無法滲透進入腸道障壁。其中，紫蘇油的效果最好。長鍊魚油裡面的 omega-3 油脂也可以防止脂多醣進入腸壁。我在前文提到過，脂多醣會附在飽和脂肪上來通過你的腸道壁。不過這些油脂需要一種特殊分子乳糜微粒（chylomicron），才能做到這件事。脂多醣透過負責承載長鏈飽和脂肪的乳糜微粒偷渡，搭便車穿越腸壁，然後開始入侵身體。在非常蔬果飲食法第二階段的前兩週，也必須限制橄欖油的量，因為它也是由乳糜微粒來運送。

這裡有個良心的建議給那些遵循原始人飲食法、生酮飲食法，而認為飽和脂肪有益健康的人：根據最近的一個研究顯示，像豬油這樣的飽和脂肪，會因為把脂多醣傳送到大腦的飢餓中心，而使飢餓感和胃口大增。但是，魚油的效果卻相反，反而會傳送訊號給大腦，幫助你調節食物攝取量。非常蔬果飲食法就會帶來這樣的效果。

讓好菌回到腸道中

現在你已經有了食物清單和一些健康飲食的資訊，假設你已經完成了三天的淨化（或選擇不做淨化），接下來就是為期六週的第二階段了。為什麼這麼長？

雖然你可以在第一階段的三天淨化就開始修復腸道、趕出大部分的壞菌，但是仍然有些壞菌趕不走，它們正準備收復失土。在第二階段中，如果你遵循可以吃的食物清單，防備就不會變低。我發現人通常需要至少六週的時間才能改變根深蒂固的習慣。

所有曾經花費昂貴代價參加斷食營或淨化營的人都知道這一點。剛開始幾週，你的確覺得很棒，但是壞菌依然在那裡，等候有利的復仇時機。只要六週不餵養它們需要的食物，它們就會完全離開，不再騷擾你。

繼續塞住破口

要讓你的身體完全醫治，你需要避免或不吃什麼食物？

- 不吃所有「紅燈」清單上含有大量凝集素的食物，包括：茄科蔬菜、除了酪梨之外的有子蔬菜和穀物、麵類、麵包、穀片粥、餅乾等。
- 不吃非當季的水果，除了「綠燈」清單上面含有抗性澱粉、未熟成的水果和酪梨。最好都不要吃水果！水果跟糖一樣不好。
- 避免長鏈飽和油脂，前兩週不要吃橄欖油和椰子油，以防止脂多醣藉著它們來破壞腸壁。
- 一天攝取兩次不超過一百公克的動物性蛋白質，共二百公克。例如，如果早餐吃了兩顆蛋，就等到晚餐再吃另外一個一百公克的動物性蛋白質。
- 盡量減少牛肉、豬肉和羊肉的攝取，以減少你的 Neu5Gc 的攝取量。即使是草飼動物的肉也不能多吃。
- 只吃非穀飼的雞、鴨和火雞。
- 以野生捕獲的魚和蝦蟹類當作主要蛋白質來源，但是避免養殖魚，尤其是鮭魚、吳郭魚、鯰魚和蝦子。
- 不要吃食物鏈最上層的魚，例如：旗魚、石斑魚、方頭魚（tilefish）和鮪魚，這些魚類都含有大量的汞和重金屬。
- 全素者和蛋奶素者應該避免吃所有未發酵的豆類製品。

繼續餵食腸道好朋友

該吃什麼食物，好讓體內的腸道好朋友有營養呢？
- 多吃抗性澱粉，讓腸道好朋友可以製造短鏈脂肪酸和可以直接燃燒使用的生酮。這些抗性澱粉包括：大蕉、芋頭、蒟蒻麵和其他非穀物的麵條、歐洲蘿蔔、蕪菁、豆薯、芹菜根和菊芋，以及綠香蕉、青芒果和青木瓜這三種未熟的水果。
- 吃許多果寡糖。果寡糖是在菊苣和菊薯中一種無法消化、卻是腸道好菌賴以維生的糖。菊苣根、苦苣、菊芋、秋葵、朝鮮薊、洋蔥和大蒜。SweetLeaf 和 Just Like Sugar 這兩個品牌的代糖裡面也有果寡糖。

• 吃生的或煮熟的洋菇，可以提供你更多果寡糖，好安撫腸道好朋友。

• 盡量攝取綠葉蔬菜和十字花科蔬菜。

• 從可以吃的綠燈水果打成的果泥，攝取多酚，以增加腸道裡的格蘭氏陽性菌（grampositive bacteria）。把這些果泥加入奶昔中，或是跟山羊優格、綿羊優格或椰子優格混合，成為沙拉醬。

• 攝取檸檬汁和醋，包括來自義大利摩德納（Modena）的巴薩米醋（balsamic vinegar），裡面也含有多酚。

• 除了用綠燈油品烹飪之外，每一餐之前都吃一顆魚油。或者用調味的鱈魚肝油跟可以吃的油品混合，淋在生菜沙拉上。全素者和蛋奶素者可以服用海藻 **DHA** 膠囊。

• 開心果、核桃、夏威夷果仁和美國山核桃等堅果都富含多酚，可以促進腸道好朋友的生長。多吃堅果可以降低死亡的風險。你每天可以吃四分之一杯的岡博士的美味綜合堅果（見第316頁）兩次。

• 吃無花果（它並不是水果，而是花）。使用少量的紅棗或無花果乾當糖來調味。兩者都富含促進好菌生長和整體健康的果寡糖。在生菜沙拉裡加無花果或在果昔裡面加幾顆紅棗。

感覺好像需要吸收很多資訊，但其實，只要盡力就好，多多參考「綠燈」清單。如果你想要更瞭解清單上所列的食物為何，請參考第198～205頁和250～256頁的說明。

Healthy Note

十字花科的兩難

雖然我鼓勵你吃十字花科的蔬菜，但如果有腸漏症，記得把蔬菜完全煮熟。生吃或大量吃十字花科蔬菜，往往會造成腸胃不適或腹瀉。剛開始吃這些蔬菜時，要慢慢增加攝取量。十字花科蔬菜會啟動消化道壁特定的白血球細胞，而那些細胞含有可以安撫出錯的免疫系統的受器。因此，十字花科蔬菜裡面的聚合物可以提醒你腸壁上的邊境巡邏並安撫它，以免錯誤反應。這些受器叫做「Ah受器」。只要Ah受器啟動，免疫系統就沒事。

Healthy Note

腸道好朋友要吃糖

腸道好朋友需要那些無法消化的糖，才能生長和發揮功能，尤其是負責守衛和餵養腸壁的細胞。這些無法消化的糖叫做益菌生（prebiotic）。請不要跟益生菌搞混。益生菌需要吃益菌生，才能生長。果寡糖是一種特殊形式的益菌生，是住在靠近腸壁的腸道好朋友的食物，可刺激黏膜的製造，保護你不受到凝集素和脂多醣的攻擊。許多益菌生都含有多酚。根據研究，果泥裡面的多酚也會癱瘓腸道細菌裡面特定的酵素，使得它們無法把動物性蛋白質肉鹼（carnitine）和膽鹼（choline）轉換成有害關節的TMAO聚合物。

告別腸道壞菌

除了遵守上述飲食之外，如果可以也請停止服用抗生素。不過，請先跟醫生討論確認再執行。除此之外：

- 不吃消除胃酸的的藥物。如果真的有需要，請服用 Rolaids 或 Tums 這兩種品牌的制酸劑。只要遵守這個飲食計畫，你很快就會發現胸口灼熱的感覺不見了。也可以服用甜菜鹼（betaine）或藥蜀葵根（marshmallow root）或嚼甘草根片（DGL）。
- 不吃非類固醇類抗發炎藥，並且用 Tylenol 和含有 5-loxin（乳香萃取）來取代。另外，Now D-Flame 和 MRM Joint Synergy 也含有乳香。

重要的營養補充品

每次用餐前，請服用 DHA 含量最高的魚油一顆，每天大概需要一千毫克。魚油除了可以保護腸壁之外，經常服用魚油的人，海馬迴和大腦也較大，因此可避免罹患失智症和其他跟老化有關的神經性疾病。

大多數人都嚴重缺乏維生素 D；我認為維生素 D 是恢復腸道健康和整體健康最重要的維生素。它是刺激腸上皮幹細胞生長的重要養分。腸上皮幹細胞每天負責修復被凝集素破壞的腸壁細胞。

根據我多年的康復醫學執業經驗，我認為大部分人每天血液裡的維生素D含量必須介於七十到一百ng/ml，甚至可能必須高達四萬國際單位（International Unit/IU）。我自己血液中的維生素D含量都高於一百ng/ml。不過，除非醫生同意，建議你每天的維生素攝取量控制在五千到一萬國際單位之間。除此之外：

- 服用 Schiff Digestive Advantage 品牌旗下含有芽孢乳酸菌（Bacillus coagulans / BC3o）益生菌的產品，或含有洛德乳桿R菌（L. Reuteri）和布拉酵母菌（saccharomyces boulardii）的益生菌，以及像甘草根、榆樹皮（slippery elm）和藥蜀葵根等可以強化胃黏膜的東西。
- 使用甜菜鹼和葡萄柚子萃取物重建胃酸，以趕走入侵者。
- 使用維生素D、魚油、左旋麩醯胺酸（L-glutamine）、印度酥油的丁酸（butyric acid）、來自葡萄子萃取和法國松樹皮（pycnogenol）的多酚，以及來自黑莓等深色莓果的花青素，來修復腸壁。
- 服用吲哚三甲醇（indole-3-carbinol，又稱為芥蘭素）和二吲哚基甲烷（DIM）的營養補充食品，或多攝取十字花科蔬菜，以重新啟動並安撫消化道壁的白血球細胞。
- 服用方法，請上 www.DrGundry.com。

怎麼吃最好

我的患者依照上述的兩種食物清單和原則，都得到非常好的效果。以下是一些提醒：

※**早餐**：在斷食期間，我太太潘妮和我幾乎每天都喝一杯鮮綠奶昔（第301頁）。來自綠燈清單上特定口味的 Quest 素肉、特定口味的 Yup、Human Food Bar 和 Adapt Bar 等蛋白質棒都可以吃。前兩種蛋白質棒含有動物性蛋白質，很快就達到規定的蛋白質攝取量。

不過，我的患者最喜歡的食物，卻是我的肉桂和亞麻子口味的馬芬蛋糕（第311頁），或椰子粉和杏仁粉（第309頁）的各種變化。這些食物只要使用微波爐幾分鐘，就能夠做好，方便攜帶。務必在週末試試看完美大蕉鬆餅（第314頁）。

最後，你可以吃兩顆非穀飼雞或含有 omega-3 的雞蛋，或四分之一杯的岡博士美味綜合堅果（第316頁），吃了這些建議你就不用吃早餐的點心。想吃優格嗎？我喜歡吃無糖的原味椰奶優格，但是如果買不到，羊奶優格也可以。兩者都含有有益健康的酪蛋白 A-2，只不過也都含有 Neu5Gc。

※**點心**：每天早上和下午都可以吃一個點心。不含胡椒的有機 Wholly Guacamole 酪梨醬是個好選擇。建議購買 Trader Joe's 或 Whole Foods 所賣的豆薯，取代洋芋片，或烤食譜裡的非常蔬果餅乾（第315頁）。另外，也可以用蘿蔓生菜、大白菜或苦苣。或四分之一杯的綜合堅果當點心。

※**簡易午餐**：這是我的患者認為最方便的午餐——生菜沙拉。可以自己準備或買現成的皆可。只是千萬不要加市售的沙拉醬，因為它們的油都有毒且含有玉米糖漿。建議用巴薩米醋或任何醋跟特級初榨橄欖油混合成醬料。如果是在餐廳，請他們把醬料放旁邊，或者就點橄欖油加醋。如果沒有橄欖油，醋或檸檬汁也可。

※**晚餐**：這是你可以享受的一餐，也是餵食腸道好朋友美食的時候。你可以在這一餐吃動物性蛋白質，份量就是手掌大的量。建議選擇野生的小型魚或蝦蟹類。盡量在生菜沙拉上面加入蛋白質一起食用，例如在凱撒沙拉上面加上烤或水煮的蝦子或蒟蒻麵、寒天麵、Cappello's細扁麵或其他可以吃的義大利麵。

我們夫婦每週有好幾天不論晚餐吃什麼，都是共享一大盤綜合生菜沙拉。全素者可以使用素肉、大麻子豆腐，或者不含穀物的天貝當做蛋白質來源。其餘蛋白質種類，則請參考食譜。

跳脫晚餐的窠臼

我總是鼓勵患者依照季節輪流吃不同的蔬菜，但是根據研究，我發現大部分人只會在五到六種蔬菜之間輪流替換。每一種蔬菜都有其獨特的植物營養素（phytonutrient）。經常變換不但可以讓腸道好朋友開心，也有助避免飲食的單調。

建議晚餐吃一些含有抗性澱粉的澱粉類。抗性澱粉又稱為膳食纖維。它們裡面所含的醣無法被消化系統裡面的酵素所分解吸收，因此可以進入消化道深處，讓腸道好朋友大快朵頤。腸道好菌再把這些糖分轉換成為讓消化道細胞有活力的短鏈飽和脂肪。

最棒的是，那些壞菌無法使用這些糖分為燃料，它們就會餓死出局了。所以，請多吃地瓜、蕪菁、歐洲蘿蔔或瑞典蕪菁（rutabaga，又名「蕪菁甘藍」），以及所有綠燈食物清單裡面的蔬菜皆可。大約六週之後，大部分人就會開始看到成效，接下來請進入下一個階段。但是，如果你還沒準備好，可以繼續停留在這個階段。

事實上，真的不一定需要進入下一階段。我有部分患者花了一年的時間來恢復腸道健康。你可能需要花更長的時間，因人而異，甚至可以選擇餘生都停留在這個階段。不需要跟別人比較，這並不是比賽。但是，如果你：

- 體重恢復正常。
- 痘痘和疼痛減輕或消失。
- 腦霧清除了。
- 長年的腸道問題和免疫系統症狀都減輕了。

那麼，該是進入下一個階段的時候了！

Chapter 9

第三階段　成果收穫期

當你享受和全息微生物群系共生互惠的永續關係之後，第三階段就好像收割期——精力充沛、體重合宜、長壽又健康。你的目標就是在年老時以年輕的身體走向終點。

本來因為減重來向我求助的患者都發現，體重減輕只是整體健康改善的一部分而已。換句話說，只要遵循非常蔬果飲食法，不論過重或過輕，體重都會恢復正常。我那些患有自體免疫和關節炎疾病的患者表示他們不但不再疼痛，而且更有活力。

事實上，我所有成功完成這個計畫的患者，都讓這個計畫成為自己的生活型態，而不只是一個飲食法而已。你將在這個生活型態階段達到兩個目標。首先，將會知道腸道是否真正得到醫治、腸道好朋友是否真的開心，可以繼續幫助你維持健康。

其次，可以測試你到底可不可以吃特定凝集素——但是必須是在腸道好朋友已經得到營養，並且實施了六週的第二階段之後。千萬不要因為已經忍受了六週，就迫不急待地測試自己的耐受力。如果你願意，可以繼續遵循第二階段的飲食，包括全素和蛋奶素版本。如果不急著把部分問題重重的凝集素食物重新加入飲食中，建議依照第284頁，每個月進行一次第三階段為期五天的修正版素食斷食。

是否成果豐碩

六週之後，需要多久的時間，你才可以再吃凝集素食物？開始執行非常蔬果飲食法之後，何時達到永續健康的時間長短因人而異。我的患者除了根據每三個月一次的驗血，來確認身體狀況之外，他們通常也能感覺到自己的身體變好了。所以，我讓你自己決定何時要重新允許少量凝集素進入腸道。

該如何做這個決定？

- 排便是否變得正常？只要糞便的型狀完美，這就是一切恢復正常的證據，畢竟所有疾病都是從腸道開始。
- 關節是否不再疼痛？
- 腦霧是否清除？
- 皮膚是否乾淨、有亮澤而且面皰不見了？
- 精力是否充沛？

- 是否晚上不再輾轉難眠，或者不再起來好幾次？
- 若你本來過重，現在衣服是否變寬鬆了？或者，你本來過輕，現在是否衣服變緊了？

如果上述有任何一個答案是「否」，請不要過早離開第二階段。你還沒有準備好。

同樣地，如果你確診罹患任何免疫系統疾病，或懷疑自己可能有免疫系統的疾病；或是扁桃腺已經拿掉、甲狀腺功能低下、有關節或心臟方面的疾病、慢性鼻竇炎、對凝集素超級敏感，我鼓勵全面禁止「紅燈」清單上面的食物。而且，千萬不要在不吃這些食物六週之後，貿然測試腸胃。

在這個階段，我要教你一些技巧，讓你可以終身遵行。我也要講述經過科學驗證、全世界最知名的長壽者的飲食祕訣。除了你已經聽過的藍色地帶（blue zone）之外，大部分長壽者的飲食都非常類似。

一個最常見的迷思，就是這些長壽者的飲食似乎南轅北轍，但事實上他們的飲食卻驚人的類似：限制動物性蛋白質的攝取。所有長壽者所攝取的動物性蛋白質都很低。根據動物和人類的研究也證實長壽跟攝取少量的肉類、雞肉和魚肉有關。

最後，透過「期中斷食」，也許你可以吃蛋糕。期中斷食是指定期延長兩餐之間的時間，或者只要在每個月或每週選擇幾天限制蛋白質和總熱量的攝取。

請持續努力別放棄

前兩個階段有固定的執行時間，但是這個階段卻是終生執行的生活型態。維持在這個階段絕對可以大幅提高活得健康又長壽的機率。你將能繼續吃一直在吃的食物，而且根據身體對凝集素的耐受度，你可以在飲食上做些變化。

- 繼續吃「綠燈」清單上的食物，攝取熟成之後才採收的當季在地農產品。
- 等到腸道修復之後，攝取更多生酮油脂，也就是像 MCT 油或椰子油等這些中鏈飽和脂肪酸，以啟動脂肪的燃燒。
- 繼續不吃「紅燈」食物。但是，如果你想而且腸道可以接受，請從小黃瓜、節瓜和日本茄子等這些沒有子或只有小子、未成熟的含有凝集素的食物，小量、慢慢的開始吃。一週只吃一種凝集素食物，之後再增加別的凝集素食物。
- 之後，如果你可以應付這些食物了，再嘗試古早品種的去子、去皮的蕃茄和彩椒類。每一種都測試一週，沒有問題再增加新的食物。
- 接下來，可以嘗試少量用壓力鍋煮的豆類。同樣一週一種。
- 最後，在重新吃含有凝集素的食物且沒問題時，你可以吃一點印度香米，或是用壓力鍋煮的其他穀物和仿穀物，但是大麥、裸麥、燕麥和小麥除外，因為它們都含有麩質。

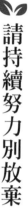

- 少吃並且減少用餐頻率。第十章將會說明身體的腸道、大腦和粒線體將能因此獲得休息，並且減少脂多醣進入身體的時間。
- 慢慢減少動物性蛋白質的攝取量，直到每天低於五十公克為止。與此同時，以葉子、特定蔬果、蘑菇、堅果和大痲子豆腐做為大部分蛋白質的來源。
- 定期斷食並且限制熱量攝取，尤其是動物性蛋白質的量。
- 每天最好曝曬在日光之下一小時。晚上睡滿八個小時，並且定期運動。
- 傍晚時避免曝曬在藍光之下。

小小的例外

※**豆類**：即使是我那些非素食的患者也想念豆類。豆類只要用壓力鍋烹煮之後，就可以吃。豆類是很棒的抗性澱粉來源，只要去除掉惱人的凝集素即可。豆類蛋白質有益於長壽。

※**最安全的穀物**：全世界有四十億人口以米作為主食，而且大部分都是吃白米。米食者通常幾乎沒有心臟病，我認為原因在於白米不像小麥那樣含有小麥胚芽凝集素。如果想吃穀物，印度香米是最安全選擇。完全去皮的印度香米所含的抗性澱粉量最多。把煮好的米飯冰起

來，要吃時再加熱，可以增加所含的抗性澱粉。但是，如果有糖尿病、糖尿病前症、癌症或想要減重，建議你連這種米都不要吃。所有穀物中，只有高粱和小米不含凝集素，所以安全可食。

※**茄科蔬菜**：義大利人和法國人兩百年前就已經學會，在吃或煮蕃茄之前去皮、去子。蕃茄、彩椒、茄子和其他茄科蔬菜家族，都是下一個可以重新引進飲食中的凝集素食物，只是必須要去皮、去子。美國人比較慢才學會如何食用茄科蔬菜。為了方便剝蕃茄的皮，先把它泡在熱水三十秒，或者把蕃茄叉在長叉子上，在瓦斯爐火上轉動也可。彩椒類也可比照辦理，直到它們外皮變黑，放入紙袋內冷卻，就可以輕易去皮。

※**南瓜**：南瓜的處理跟蕃茄一樣，吃之前必須去皮、去子。另外，建議吃夏天的小南瓜。記住，南瓜是水果，不是蔬菜，我們的祖先吃它們是為了增肥好過冬。

這些我們以為是「蔬菜」的水果裡面的果糖，往往會讓我們體重增加。如果重新吃這些食物讓你的體重增加的話，只要不吃就好。所有會讓體重增加或刺激食慾的食物都不要吃，包括用壓力鍋煮的穀物或豆類。其實人類並不需要這些食物，不要讓口腹之慾掌控你的健康。

吃肉讓你發胖

不論是在人類或動物研究上，都已經證實攝取肉類跟肥胖有關，所造成的後果跟攝取糖一樣。吃肉就跟吃糖一樣，讓你發胖！幸運的是，魚類和蝦蟹類則還沒有如此強的關聯。所以，我建議用魚和蝦蟹作為動物性蛋白質的來源。

此外，紅肉含有 Neu5Gc 這個跟癌症和心臟病息息相關的糖分子。所以，與其吃草飼牛、熱狗或培根，不如多吃野生鮭魚或蝦子吧！許多餐廳所提供的牛排大餐上面的肉和麵包的組合，會對身體造難以想像的風險。薯條、洋芋片、麵包進入血液中，馬上就會變成醣。

事實上，一片全麥麵包就會使血糖提高超過四匙的糖。吃進去的肉消化較慢，因此比較慢進入血液中。但是由於身體已經充滿了麵包或薯條的糖分，不再需要熱量，所以你可能不知道的是，肉裡面的蛋白質也會轉換成為醣，接著變成脂肪。

Healthy Note

藍色地帶是什麼？

國家地理雜誌記者丹・布特納（Dan Beuttner）跟著研究團隊一起探訪世界最長壽

人口居住的地區，而寫下《藍色地帶（The Blue Zone）》這本暢銷書。在書中揭露了全世界最長壽的地區：義大利的薩丁尼亞島、日本的沖繩、美國加州的羅馬林達、科斯達黎加的尼柯亞半島（Nicoya Peninsula），以及希臘的伊卡利亞島（Ikaria island）的飲食祕密：**他們所攝取的動物性蛋白質都非常少**。

一窺地中海飲食

眼尖的讀者可能發現，前述長壽地區有兩個位於地中海，所以認為也許可以直接吃地中海飲食，不用放棄穀物也沒關係。不幸的是，我必須說根據綜合分析發現，地中海飲食中的特定穀物事實上有害，但因為地中海飲食攝取大量含有多酚的蔬菜、橄欖油和紅酒，所以才抵銷了負面影響。

事實上，由於穀物所含的凝集素有害關節，義大利人罹患關節炎的比例非常高。薩丁尼亞人罹患自體免疫疾病的人很多，而羅馬林達的長壽者則讓醫院的骨科手術部門非常忙碌。記住，你的目標是長壽又活力充沛，而不是長壽卻不良於行。

動物性蛋白質的眞相

讓我們再從科學的角度來看動物性蛋白質的攝取與壽命長短的關係。根據美國老化研究院（National Institute on Aging / NIA）的動物研究，所有動物只要限制熱量的攝取，壽命都可以因此延長，唯一的例外是恆河猴。在 NIA 的研究中，攝取較少熱量的恆河猴和傳統飲食的恆河猴，在同樣的年齡死去，雖然前者的健康狀況較好。威斯康辛大學使用同樣的恆河猴品種做實驗，卻得到相反的結論：限制熱量的確可以延長壽命。哪一個才是對的？

當威斯康辛研究人員檢視 NIA 研究的數據發現，兩個研究的動物都限制熱量，但是威斯康辛猴子所吃的蛋白質較少、碳水化合物較多。長年追蹤國際熱量限制學會（CR Society International）的聖路易大學（University of St. Louis）研究人員決定檢測動物性蛋白質的影響。

國際熱量限制學會主張攝取比正常人所需少約20～30%的熱量。熱量限制學會的受測者，雖然所攝取的熱量比正常人少很多，但是他們體內的 IGF-1 值卻跟那些飲食正常的人一樣。IGF-1 是一種會促進老化的生長因子，難怪那些限制熱量的恆河猴壽命跟正常飲食的猴子一樣。

研究人員又找了全素食和蛋奶素食者來，發現他們的 IGF-1 值比限制熱量者低許多。於是，研究人員請熱量限制者減少動物性蛋白質的攝取量，但是總熱量不變。他們的 IFG-1 值也降到跟素食者一樣低。

這表示如果你想要活得長壽，就要減少動物性蛋白質的攝取量，甚至完全不要吃。我建議每天不要超過五十公克。其實，只要一天不吃動物性蛋白質，你體內的蛋白質就會清空。

Healthy Note

想要活到一百歲嗎？

多年來，我定期測量患者體內的生長因子 IGF-1 數值。根據動物和人類研究顯示，體內的 IGF-1 值越低，就越長壽，也越不會罹患癌症。IGF-1 的高低跟糖、動物性蛋白質攝取量有關。

動物性蛋白質裡面比較常見的蛋胺酸、亮胺酸和異亮胺酸，會啟動偵測能量供應是否充沛的細胞感應器 TOR（target of rapamycin：雷帕黴素靶蛋白）。雷帕黴素是一種器官移植用藥；大部分器官移植用藥都會縮短壽命，但是雷帕黴素卻反而讓器官受贈者壽命延長。我深入探究這個現象之後，發現所有細胞皆有的能量供應受器 TOR 是長壽與否的關鍵。所有活物，包括蠕蟲在內，都有 TOR。

如果 TOR 感應到能量充沛，就會啟動 IGF-1，以刺激細胞生長。如果 TOR 感應到能量稀少，就會減少所有不必要的功能，因此 IGF-1 的量也會變少。TOR 因為是一個受器，無法測量，但是負責通知細胞生長或休眠的IGF-1卻可測量。所以，只要測量IGF-1的量，並減少動物性蛋白質的攝取，我們就能管理老化的速度。

蛋白質攝取量可以多低？

蛋白質攝取量是否有最低量限制？根據羅馬林達大學的蓋瑞・佛瑞瑟（Gary Fraser）醫生針對長壽的基督復臨安息日信徒的研究，以及針對其他六個研究的一項綜合分析，發現全素食的基督復臨安息日信徒最長壽，其次是限制乳製品攝取量的蛋奶素基督復臨安息日信徒，再者是那些偶爾吃雞肉或魚肉的基督復臨安息日信徒。

這表示動物性蛋白質不是健康必需，而完全不吃動物性蛋白質，則讓長壽者活得更久。罹患阿茲罕默症的風險直接跟肉類攝取量有關。你還敢再無肉不歡嗎？

雖然如此，我們還是需要平衡報導。藍色地帶裡的長壽人口中，也有攝取部分少量來自海鮮的動物性蛋白質。事實上，《藍色地帶》一書遺漏了義大利拿坡里一個叫做阿恰羅利（Acciaroli）的小鎮。這個小鎮有30％是百歲人瑞。他們把自己的長壽歸諸於每天吃迷迭香煮鯷魚，佐以大量的酒下肚。即便如此，我還是建議盡可能從植物攝取蛋白質，再加一些小魚和

Healthy Note

斷食和生酮飲食

斷食絕對安全，不像有些專家所聲稱的危險。人類曾經常常斷食，並不是為了時髦或清腸胃，而是因為食物不足。

在一九七二年曾經進行一個為期六十天的研究，要求肥胖受試者挨餓六十天。他們先被注射胰島素，以移除血液裡的糖。他們全部馬上出現嚴重低血糖症狀：冒汗、低血壓和頭暈。六十天之後，他們又再度被注射胰島素。這一次，雖然他們的血糖值非常低，但是對糖的反應變敏感。他們的大腦開始燃燒生酮來取得能量，而不是燃燒葡萄糖，所以身體就不需要葡萄糖了。

這證明當人類沒有攝取來自碳水化合物和蛋白質的醣時，可以直接燃燒生酮以製造能量。幾乎所有宗教都有斷食的儀式。每週斷食一天的摩門教徒的壽命，比那些沒有比照辦理的教徒長。

限制動物性蛋白質

如果你還是無法放棄動物性蛋白質，另一個變通做法就是遵守南加州大學（University of Southern California）長壽研究院的瓦爾特・隆戈博士（Dr. Valter Longo）建議：每月進行一次為期五天、總熱量九百大卡的修正版素食斷食飲食法。它同樣可以降低IGF-1和其他老化指數。

因此，如果人每個月有五天都限制熱量和動物性蛋白質，就可以得到跟那些限制熱量一整個月的人同樣的效果。這就好像每週運動兩天可以達到的健身效果，跟每天運動所能達到的效果一樣。所以，建議你下個月依照第一階段的三天淨化期的素食版本，進行為期五天的擬斷食，然後觀察結果。你可以重複兩天第一階段的淨化飲食，或者從綠燈清單中選擇可以使總熱量控制在九百大卡的食物。之後，依照非常蔬果飲食法第三期的食譜來吃，直到滿一個月。中間如果因為特殊狀況而無法遵守，也無妨，只要再回來即可。

4:3 輕斷食法

如果上面做法也太極端，那麼試試看一週斷食兩次吧！

也就是一週選兩天熱量控制在六百大卡，其餘四天則正常吃。那兩天可以吃的熱量大概是每天三條蛋白質棒，或是六到八顆非穀飼雞雞蛋、或含有 omega-3 的雞蛋、又或是超市販賣的五袋蘿蔓生菜佐三大湯匙的橄欖油和醋。

建議你選擇週一和週四來斷食，因為週一剛結束週末的大吃大喝，做個斷食合情合理。正常飲食兩天之後，週四再來一次斷食，如此週末就可以放心吃。我的患者這麼做之後，通常每週會減少半公斤體重。

兩餐間隔時間越久越好

還是做不到？根據研究，兩餐之間間隔越久，大腦神經細胞裡面的粒線體就有越大的新陳代謝彈性。兩餐之間最好能夠間隔十六小時，也就是說如果晚上六點吃晚餐，下一餐就是隔天早上十點。

過去十年來，我自己每天都在晚上六點到八點之間進食，搭配大量的綠茶和薄荷茶，早上則是一杯咖啡。所以，我知道這方法可行而且可以持續。

Chapter 10

非常蔬果生酮飲食法

我許多患者是在罹患了糖尿病、癌症、帕金森氏症、阿茲海默症、失智症或危及生命的疾病，別無他法才來找我。我認為這些疾病的根源在於腸胃壁被凝集素破壞，再加上七大致命干擾物質所致。結果讓凝集素和脂多醣得以進入身體。

神經膠質細胞是負責保護神經元的一種特殊白血球細胞。它們會在偵測到凝集素或脂多醣蹤跡時，包圍那些它們想保護的神經元。不幸的是，這些膠質細胞保護得太好，以致連營養素都不放行，而使得被保護的細胞餓死。久而久之，就形成了失智症或帕金森氏症。那些脫逃的凝集素和脂多醣，會進一步擾亂細胞裡面的能源製造工廠粒線體，破壞醣和脂肪的新陳代謝。

強大的粒線體

好幾百萬年前，最早的生物細胞裡面吞進了一種細菌，之後該細菌變成了粒線體，並且跟它們的宿主細胞發展出一個共生關係，協助製造可以生成能源的ATP分子，好讓所有細胞得以正常運作。

粒線體有自己的DNA，而且跟宿主細胞同時分裂。粒線體肩負處理所攝取的熱量的工作，透過克雷布斯循環（Krebs cycle）⓯的生產線，使用醣和脂肪來製造ATP。粒線體就跟所有工人一樣，一天的工作量有限，必須休息。

粒線體在白天不斷工作，沒有休息，把所有吃進來的糖和蛋白質轉換成為ATP。到了晚上，它們的動作會慢下來，因為所攝取的糖和蛋白質量減少而減緩新陳代謝的速度。此時它們會改用生酮這種油脂。當我們體內的糖分供應量低時，身體就會燃燒來自脂肪細胞的生酮。晚上，當你不再進食時，粒線體就會從生酮取得能源來製造ATP。

之前探討過生理時鐘對於新陳代謝的影響。在食物充沛的夏天，粒線體可能超時工作，甚至偶爾會拒絕糖分和蛋白質進入，並且把一些脂肪丟在腹部。這在過去不會有問題，因為冬天來了，就可以使用腹部的脂肪取代糖來製作ATP。在食物稀少的時候使用生酮來製造ATP，比使用糖分還省一半力氣，所以粒線體樂得輕鬆，而身體也可以儲存非常時期所需的能量。

⓯ Krebs Cycle：亦稱為「檸檬酸循環」是有氧呼吸的第二階段。讓循環會在呼吸作用循環中生成檸檬酸，之後在一連串的反應後，生成二氧化碳。

粒線體也抓狂

但是，當粒線體為了處理你所吃進來的大量熱量而工作過勞、無法休息，它們就會開始生病，並且拒絕肩負額外的工作量。結果ATP產量不足，身體開始間歇停電，糖分不知道該往哪裡輸送，因此就把更多脂肪堆積在腹部。

當你的粒線體處於這樣的狀態，能源供應開始斷斷續續。大腦因為不知道到底發生什麼事情，因此更加要求粒線體製造或尋找更多的醣，好轉化成為能源。大腦因為缺乏能源快要餓死，所以才會下達這樣的指令。

免疫系統因為沒有能源供應，就會減少運作。在這種狀況之下，癌細胞等壞細胞，便會使用周圍廢棄不用的糖分。聽起來很可怕，但幸運的是，並非沒有改變的可能。現在，你已經非常清楚為什麼會發生這樣的悲劇。為了讓你瞭解為什麼非常蔬果飲食法有效，讓我先在接下來上一堂酵素的課。

當你吃糖或蛋白質時，胰臟會噴出胰島素，好把醣推進到粒線體工廠。但是，如果工廠產能滿載，胰島素和醣就會離開接收的端口，並且指示一種叫做脂蛋白脂解酶（lipoprotein lipase）的酵素，讓脂肪細胞把醣轉換成為更多脂肪，以備不時之需。

如果你繼續吃糖或蛋白質，或者一直在吃凝集素，可憐的胰臟就必須不斷製造胰島素，以運送所有進來的糖分，好讓糖分轉換成為脂肪。這個就是所謂的胰島素阻抗，但事實上，粒線體此時工作速度已經放慢，甚至已經罷工，以抗議不公平的工作環境。

所有疾病的源頭都跟新陳代謝的錯亂有關：攝取過多的糖分和蛋白質，超過粒線體的負荷。再加上協助把脂多醣送入身體的飽和脂肪，以及幫助釋放更多脂多醣的凝集素的添亂，難怪粒線體會罷工！

生酮飲食的難題

為什麼不乾脆不吃糖和蛋白質，減少粒線體的負擔，直接燃燒所有儲存的脂肪就好？不幸的是，沒有那麼簡單。阿特金斯飲食法（Atkins diet）希望讓每個人都直接使用生酮當燃料，以燃燒身體儲存的脂肪；只不過粒線體無法直接使用細胞裡面的脂肪。它們需要一種叫做激素敏感脂解酶（hormone-sensitive lipase）的酵素把儲存的脂肪轉換成生酮。

胰島素是唯一對這個酵素敏感的荷爾蒙。所以，如果胰島素值高，大腦就會認定你一定是為了過冬而進食，所以把所有吃進來的食物都轉換成為脂肪好過冬。而且，大腦也會認為你一定不想把脂肪轉換成生酮。因此，胰島素會使激素敏感脂解酶停止工作。

如果是在冬天而且吃得不多，沒有製造胰島素，激素敏感脂解酶就開始工作，把生酮送進粒線體中。在過去冬天食物缺乏時，人體這個生酮備用燃料讓人類得以存活。我們現在不需要為冬天儲備食物，可是我們卻三百六十五天都好像在為了過冬而吃，使得胰島素居高不下。但是你卻無法取得所有儲存的脂肪，因為高胰島素阻斷了激素敏感脂解酶的工作。

這也是讓那些追隨阿特金斯、南灘和原始人飲食法等低碳水化合物、高蛋白質飲食法的人體重停滯的原因。即使不吃糖，因為大量的蛋白質，使得胰島素值依然高居不下。多出來的蛋白質就會轉換成為醣，釋放胰島素，因此阻斷了激素敏感解脂酶的運作，使得脂肪無法轉換成為生酮。

這樣的阻斷通常會產生頭痛、沒有活力、疼痛，以及所謂的阿特金流感或低碳水化合物流感。只有同時減少糖和蛋白質的攝取量，才能解決問題。

吃脂肪消脂肪

生酮可以解決上述問題。不同於那些低碳水、高蛋白質的飲食法，生酮飲食法則大量減少導致胰島素上升的糖和蛋白質，讓胰島素下降，以減少粒線體的負擔。該如何實踐？我們可以透過吃或喝來自植物的生酮，幫助讓我們掙脫這個困境。

MCT 油百分之百都是生酮，不需要藉助胰島素的幫助，就能直接進入克雷布斯循環。在攝氏七十度以下時，固態的椰子油裡面則含有65％的 MCT 油脂，也是另外一個生酮的來源。

含有約50％生酮的紅棕櫚油，也是MCT來源之一。含有丁酸酯的牛油、山羊奶油和印度酥油，也是生酮來源。

許多生酮飲食者雖然攝取好的MCT油脂，卻依然吃大量的動物性蛋白質，結果效果不彰，而使得他們無法繼續堅持下去。只要繼續吃動物性蛋白質，使胰島素升高，則無論吃多少生酮食物，都無法使你的脂肪轉換成生酮達成減重。

此外，**再提醒各位一點：癌細胞喜歡動物性蛋白質**。

生酮與癌症

諾貝爾獎得主奧圖・華柏格（Otto Warburg）在一九三〇年代，發現癌細胞裡面的粒線體，無法使用生酮生成ATP。它們也無法像正常細胞那樣，把醣和氧氣結合來生成ATP。癌細胞的粒線體倚靠低效能的醣發酵系統，意謂癌細胞生長和分裂所需的醣，平均比正常細胞高十八倍。而且，癌細胞喜歡果糖的發酵醣，較不喜歡葡萄糖的發酵醣，這又是另一個不吃水果的原因。所以，讓我們來餓死癌細胞吧！

當我們想辦法餓死癌細胞時，身體裡面的其他細胞，包括大腦在內，則可以使用生酮來供應粒線體所需的能源。心臟細胞偏好以生酮，而不是葡萄糖，來做為每天的能量來源，尤其是在從事劇烈運動時。同樣的，如果你有記憶衰退、帕金森氏症或神經系統疾病，根據研究，只要餵食神經細胞的粒線體生酮，而不餵醣，它們就能恢復運作。

糖尿病和腎衰竭是可以治好的

脂肪和生酮是糖尿病患者的好朋友，蛋白質、碳水化合物和水果則是仇敵。上述說法跟營養學家的教導完全相反，但是，糖尿病其實就是因為攝取太多蛋白質、糖和水果，超過粒線體所能負荷的一種新陳代謝錯亂的疾病。糖尿病是完全可以被治好的。

水果裡面的果糖會造成腎衰竭，但是許多醫生卻不知道這一點。果糖裡有60％會送到肝臟，在那裡被轉換成三酸甘油酯型態的脂肪和尿酸。尿酸會使血壓變高，造成痛風，並且直接破壞腎臟的過濾系統。所攝取的果糖中另有30％直接進入腎臟，對腎臟過濾系統造成更大傷害。

記住，水果就是有毒的糖果。對遠古祖先而言，水果可以幫助他們儲存脂肪以過冬，所以願意忍受幾個月的毒害為代價，因為在接下來好幾個沒有水果可吃的月份，腎臟就可以休養恢復。但是，現在我們的腎臟卻全年都受到水果的殘害。只要遵守非常蔬果生酮飲食法，你就可以立刻消除那些正在殘害腎臟的大量毒素，也就是凝集素、水果和過量的動物性蛋白質。

放過腎臟吧！

懷孕冬眠的母熊飲食，是生酮飲食的最佳代表。懷孕的母熊進入洞穴冬眠，長達五個月的時間不吃也不喝。在那段期間，牠懷孕、生產、哺乳幼熊，之後骨瘦如柴卻肌肉精實地離開洞穴，捕捉食物。在這五個月期間，牠沒有排尿。牠完全倚靠來自為了過冬而儲存脂肪的生酮。

其實，腎臟只有兩大功能：排除水分和過濾蛋白質廢物。生酮是非常乾淨的燃料，母熊只燃燒生酮、沒有喝水，所以牠的腎臟不需工作，也不需排尿。非常蔬果生酮飲食法對於腎臟的幫助，總是讓我驚訝。我甚至在已經被獸醫宣判因腎衰竭而只剩一個月的約克夏梗犬身上發現，讓牠吃肥滋滋的培根，結果牠的水腫和腹水消失了，很快就可以重新跟我和三隻狗一起晨跑。

非常蔬果生酮飲食法

上述各種不同的健康疾患都是因為粒線體無法正常運作所致，它們都是可被治癒的疾病。如果你罹患這些疾病中的任何一種，我極力推薦你採用生酮版本，去除更多動物性蛋白質，並且完全禁止水果和有子蔬菜。

非常蔬果生酮飲食法的「綠燈」食物清單

油品	Thrive 海藻油	橄欖油	椰子油	夏威夷果仁油
	MCT 油	酪梨油	紫蘇油	胡桃油
	紅棕櫚油	玄米油	麻油	加味鱈魚肝油
甜味劑	Stevia 代糖	Just Like Sugar	菊糖	菊薯糖漿
	Nutress 的羅漢果		Swerve 代糖	
堅果與種子（每天半杯）	夏威夷果仁	美國山核桃	開心果	核桃
	椰肉	椰奶（不甜的乳製品替代物）		無糖椰子奶油
	榛果	栗子	亞麻子	大麻子
	大麻蛋白質粉	洋車前子	松子（限量）	巴西堅果

橄欖油

核桃

橄欖	全部皆可
黑巧克力	含量90%或更高（每天一盎司）
醋	無添加糖的皆可
香草和調味料	辣椒片除外，其餘皆可 味噌
燃脂生酮蛋白質棒	Adapt Bar：椰子和巧克力口味
粉類	椰子、杏仁、榛果、芝麻、栗子、木薯、綠香蕉、地瓜、油莎豆、葡萄子、葛粉
冰淇淋	椰子 So Delicious 藍標 無牛奶冷凍點心

麵條類	Capello's 的義大利麵 Pasta Slim	蒟蒻麵	海藻麵
	寒天麵	蒟蒻米	
乳製品（每天三十公克起士或一百二十公克優格）	法國／義大利奶油	Trader Joe's 所賣的水牛奶油	
	印度酥油	山羊奶油	山羊起士	牛油
	山羊軟乾酪	山羊和綿羊克菲爾菌優格	原味綿羊起士
	椰子優格	高脂肪法國／義大利起士	高脂肪瑞士起士
	義大利水牛莫札瑞拉起士	有機重乳酪	有機酸奶油
	有機奶油起士		
紅酒	每天一百八十公撮（C.C）		
烈酒	每天十五公撮（C.C）		

有機奶油起士

蒟蒻麵

魚（所有野生捕獲皆可，每天六十到一百二十公克）

白鮭	淡水鱸魚	阿拉斯加大比目魚	
罐頭鮪魚	阿拉斯加鮭魚（罐頭、新鮮、煙燻皆可）		
夏威夷的魚	蝦子	螃蟹	牡蠣
扇貝	魷魚／烏賊	蛤蜊	龍蝦
淡菜	沙丁魚	鯷魚	

沙丁魚

龍蝦

水果

酪梨

十字花科蔬菜

綠花椰菜	球芽甘藍	白花椰菜	青江菜
大白菜	小白菜	瑞士甜菜	水田芥
芥藍菜葉	羽衣甘藍	綠色和紅色高麗菜	
生德國酸菜	韓式泡菜	紫葉菊苣	

高麗菜

葉菜					
蘿蔓生菜	菠菜	茴香	荷蘭芹	紫蘇	蘑菇
紅葉和綠葉萵苣	菊苣	闊葉菊苣	羅勒	海藻	
大頭菜	蒲公英嫩葉	芥菜	薄荷	海帶	
綜合生菜沙拉	奶油萵苣	京水菜	馬齒莧	海菜	

其他蔬菜				
食用仙人掌葉	蝦夷蔥	紅蘿蔔葉	日本蘿蔔	秋葵
西洋芹	大蔥	朝鮮薊	菊芋	大蒜
洋蔥	苦苣	甜菜	棕櫚心	蘆筍
韭菜	生紅蘿蔔	白蘿蔔	香菜	

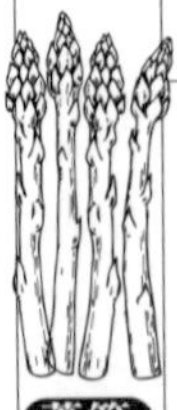

抗性澱粉（適量）	Siete 牌用木薯粉、椰子粉和杏仁粉製作的墨西哥薄餅			
	Julian Bakery Wraps 捲餅和 Paleo、Barley Bread 牌的麵包和貝果			
	Coconut Flakes 早餐穀片		綠大蕉	綠香蕉
	猴麵包果	木薯	地瓜	大頭菜
	歐洲蘿蔔	絲蘭根	芹菜根	蒟蒻根
	柿子	豆薯	芋頭	蕪菁
	油莎豆	青芒果	小米	高粱
	青木瓜			
非穀飼雞或含有 omega-3 的雞蛋（每天最多四個蛋黃、一個蛋白）	鴨蛋	鵝蛋	雉雞蛋	鴿子蛋
	松雞蛋	鵪鶉蛋		

非穀飼禽肉（每天一百二十到一百八十公克）	雞  	火雞	鴕鳥	
肉類（每天六十到一百二十公克草飼肉）	野牛肉	鹿肉	豬肉	羊肉
	牛肉	義大利燻火腿  		
素肉	大麻子豆腐	Hilary's 素食漢堡	不含穀物的天貝	

非常蔬果生酮飲食法的「紅燈」食物清單

精製澱粉類	麵	米飯	馬鈴薯	洋芋片
	牛奶	麵包	墨西哥薄餅（前述 Siete 的產品除外）	
	穀物和仿穀物粉		餅乾	早餐穀片
	糖	龍舌蘭	Splenda 代糖	健怡可樂
	麥芽糊精	Sweet One 或 Sunett 代糖		
	NutraSweet 代糖		Sweet'n Low 代糖	
蔬菜	所有豆類和豆芽	豆腐	黃豆蛋白質	組織化植物蛋白質
堅果和種子類	南瓜子	葵花子	奇亞子	花生
	腰果			

代糖

水果（有些我們視為蔬菜）	所有水果，包括莓果類		小黃瓜	節瓜
	南瓜	所有甜瓜	茄子	蕃茄
	彩椒	辣椒	枸杞	
非南歐牛的乳製品（這些都含有酪蛋白A-1）	優格	希臘優格	冰淇淋	冷凍優格
	起士	奶酪	茅屋起士	
	酪蛋白粉	克菲爾菌優格		
油品	黃豆油	葡萄子油	玉米油	花生油
	棉子油	紅花子油	葵花油	芥花油
	部分氫化蔬菜油			
肉類	穀物或黃豆飼養的魚類、蝦蟹類、禽類、牛肉、羊肉和豬肉			

優格

起士

發芽的穀物、仿穀物和草本植物
全穀物
小麥
卡姆小麥（Kamut）
單粒小麥（Einkorn wheat）
燕麥
藜麥
裸麥
糙米
布格麥（Bulgur）
白米
菰米
大麥
蕎麥
Kashi 穀物蛋白質棒
司佩爾特小麥
玉米
玉米製品
玉米澱粉
玉米糖漿
爆米花
小麥草
大麥草

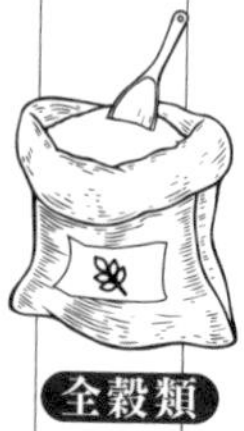

你的美食佳餚

在非常蔬果生酮飲食法中的綠燈食物中幾乎完全刪除了水果，但那些含有抗性澱粉的水果除外，例如：酪梨、綠香蕉和綠大蕉、青木瓜和青芒果。此外，秋葵因為裡面含有可以吸附凝集素的黏液，所以也可以吃。至於油脂部分，剛開始以中鏈脂肪酸的油品，或牛油和印度酥油裡的短鏈脂肪酸為主要油脂來源。不過提醒大家，短時間內攝取太多椰子油或MCT油，可能會造成腹瀉。

剛開始時，一天吃三大湯匙，平均分配在三餐中，慢慢適應之後再增加。第一階段和第二階段的所有食譜，都適合非常蔬果生酮飲食法食用。

重點提醒：

- 夏威夷果仁是這階段最適合的堅果，其他堅果當輔助。
- 保留無糖椰奶冷凍點心，但山羊奶冰淇淋絕對不能吃。
- 還是可以吃黑巧克力，但務必是含90％以上的可可亞。可以考慮購買瑞士蓮（Lindt）黑巧克力。

- 動物性蛋白質每天最多五十公克，最好是野生魚、蝦蟹貝類和牡蠣。
- 如果你罹患癌症，請完全不吃動物性蛋白質，因為它們含有較多癌細胞喜歡的胺基酸。你所吃的葉菜和根莖類蔬菜，就足以供應所有你需要，但癌細胞討厭的蛋白質。
- 蛋黃基本上完全是脂肪，可以使大腦正常運作。用三個蛋黃和一個全蛋，以椰子油或印度酥油煎，再加上酪梨、蘑菇和洋蔥，做成蛋捲。灑上薑黃，再淋上印度酥油或夏威夷果仁油、紫蘇油或橄欖油。
- 全素者可以在半顆酪梨上加椰子油。大麻子是不錯的脂肪和植物性蛋白質來源。美國山核桃是堅果中植物性蛋白質含量最高的。
- 葉菜、其他可以吃的蔬菜和抗性澱粉則是負責輸送脂肪的工具。例如：綠花椰菜幫助你攝取紫蘇油、MCT 油、印度酥油或任何其他可以吃的油。我最喜歡的一道菜，就是用椰子奶油悶煮白花椰菜，再灑上咖哩粉食用。大方地用橄欖油、紫蘇油、夏威夷果仁油，或者把這些油跟橄欖油或 MCT 油用一比一的比例混合，淋在生菜沙拉上，讓生菜沙拉泡在這些油中。

適時補充熱量

為了去除負荷過重的粒線體的壓力，在實施非常蔬果生酮飲食法的初期，延長兩餐之間的時間，特別有效。但是，在中間必須每個幾個小時補充一湯匙的 MCT 油或椰子油，否則你可能會出現腦霧、感覺虛弱或頭暈。

或者，你也可以補充一條 Adapt 蛋白質棒。一、兩個月之後，再慢慢把椰子油的量減到一湯匙。如果狀況許可，就開始延長兩餐之間的時間吧！

終身適用的飲食法

非常蔬果生酮飲食法應該實施多久？答案因人而異。

如果你有癌症、神經性或記憶方面的疾病，請一直繼續下去，越久越好。如果你有肥胖、糖尿病或腎衰竭等疾病，而且已經成功恢復健康，你可以換到正常的非常蔬果飲食法的第二階段。不過，如果中間狀況又惡化，請馬上恢復生酮版飲食計畫。

容我再一次提醒各位，非常蔬果飲食法並不是一個比賽，不需趕進度，而是在能力許可之下，盡量遵行的一個有助健康長壽的生活型態。偶爾偏離，沒關係，再回來就好了。只要經歷到它對健康的好處，你一定會繼續持續下去的！

Chapter 11

你需要的營養補充品

二十年前，我認為營養補充品沒有用，但是在我開始測量維生素、礦物質和植物聚合物，對患者發炎指數和血管壁彈性的影響之後，我已經確定它們的功效。為什麼在非常蔬果飲食法中，營養補充品如此重要？根據美國參議院 74-264 號文件：「讓人必須警覺的事實是，現下在數以百萬畝土地上種植的水果、蔬菜和穀物等食物，裡面所含的必需營養素已經不足，使得我們無論吃多少，都還是飢餓。」

這份報告是美國參議院一九三六年公布的報告。那時，科學家就已經知道土地裡面含有的維生素、礦物質和土地自有的微生物群系不足。而且，那時美國農地還沒有開始使用化學農藥、殺蟲劑和年年春。根據二〇〇三年的報告，狀況更糟糕了！

為什麼這一點對健康如此重要？因為植物既是我們的毒藥，也是我們的解藥。我們以狩獵、採集維生的祖先每年根據季節，輪流攝取超過二百五十種不同的植物。那些植物的根深入地底六呎的有機肥沃土壤中，加上豐富的細菌和真菌，使得植物的根莖花葉和果實，都充滿了礦物質和植化素。我們祖先宰殺來吃的動物也是吃這些充滿植化素的植物。

如果人們只吃當季有機食品、野生魚、非穀飼雞和雞蛋、草飼肉，以及含有酪蛋白A-2的牛羊所製作的起士，是否就可以跟我們的祖先一樣取得二百五十種植物裡的完整營養素？根據實驗室檢測，我的患者如果沒有額外補充營養食品，就無法取得所有營養素。

維生素D_3

大部分美國人體內的維生素D_3量都非常低。我的患者中有80%的人維生素D不足，其中免疫系統疾病和凝集素不耐患者則是百分之百不足。我每三個月就會測量一次自己血液中的維生素D含量。

如果你才剛開始執行這個飲食計畫，我建議每天只要吃五千個國際單位維生素D_3即可。但是如果罹患免疫系統疾病，建議你每天吃一萬個國際單位維生素D_3。我到目前為止還沒有看過有任何人因為維生素D中毒的。

維生素B群

許多維生素B群是由腸道細菌所製造，但是，如果你的腸道已經嚴重受損，就可能同時缺乏L甲基葉酸和B_{12}。全世界有一半以上的人口擁有亞甲基四氫葉酸還原酶（methylenetetrahydrofolate reductase／MTHFR）基因突變，使得它們無法製造上述兩種維生素。MTHFR基因的突變有害健康，但是只要每天攝取一千微克（mcg）的L甲基葉酸和一千到五千毫克的B_{12}，就能不受這個突變基因的影響。

由於我們擁有這個突變基因的機率是50%，所以建議最好服用這兩種維生素，以防萬一。如果你真的有這兩種突變基因中的一種或皆有，你可能會出現興奮或抑鬱的狀況；若是如此，請參考 www.DrGundry.com 上的資訊。

維生素B群有助於血液中一個叫做高半胱胺酸（homocysteine）的胺基酸轉換成為無害的物質。過高的高半胱胺酸會傷害血管內壁。補充維生素B群則可以使高半胱胺酸幾乎完全降到正常值。

六大營養補充品

以下是我認為對人類健康最重要的六大營養補充品：

多酚

我們飲食中最缺乏的聚合物，應是叫做多酚的植化素。植物設計出這些聚合物，來對抗昆蟲和防止日曬。因此，腸道細菌如果消化多酚，對身體好處多多，包括防止動物性蛋白質裡的卡尼丁和膽鹼，形成動脈粥樣硬化所致的氧化三甲胺（trimethylamine N-oxide／TMAO），也可以擴大血管。

除了我自己研發的結合三十四種不同多酚和 BG3o 益生菌，製作而成的粉末狀 Vital Reds 之外，葡萄子萃取、松樹皮萃取物碧容健（pycnogenol），以及紅酒裡面的白藜蘆醇都含有多酚。這些都可以在好市多、Trader Joe's、Whole Foods Maket 和網路買到。

建議每天攝取一百毫克的葡萄子萃取和白藜蘆醇，以及二十五到一百毫克的松樹皮萃取。此外，綠茶萃取、黃連素、可可亞粉、肉桂、桑葚和石榴也是不錯的選擇。

綠色植化素

無論吃再多綠色蔬菜，都無法滿足我們腸道好朋友的胃口。當你開始執行非常蔬果飲食法之後，馬上就會發現自己對綠色蔬菜的胃口大增。綠色蔬菜的好處，就是它們可以抑制想吃發胖食物的慾望。研究顯示菠菜裡的植化素可以大幅減少對於糖和油脂的渴求。

市面上所販售的植化素粉裡面往往都含有凝集素的小麥草、大麥草或燕麥草，建議不要購買。在我所研發的 GundryMD Primal Plants 粉裡含有菠菜萃取和十一種超級綠色蔬菜，特別是對免疫系統非常有益的二吲基甲烷咪基甲烷（DIM）。只有綠花椰菜含有少量的 DIM。上述品牌裡面也含有可抑制肌餓感，並激發腸道好菌運作的改性柑橘果膠（modified citrus pectin）和果寡糖。

你也可以單獨攝取五百毫克菠菜萃取膠囊，建議一天兩顆。DIM 也有膠囊，通常是一天一百毫克。改性柑橘果膠有粉狀也有五百毫克的膠囊可供選擇。每天吃兩顆或一匙。根據我的研究發現，改性柑橘果膠因為可減少腸道壞菌並增加好菌，降低會造成心臟肌肉和腎臟壓力的半乳糖凝集素 3（galectin 3）的值。

益菌生

益生菌是指住在身體裡的細菌，但是益菌生則是益生菌賴以生存和成長的聚合物；益菌生就是益生菌的肥料。許多治療便祕的聚合物，通常就是腸道好菌的食物。更有趣的是，腸道壞菌無法吃這些物質，所以益菌生餵養好菌，餓死壞菌。**最好的益菌生就是菊糖。母乳裡面也含有益新生兒腸道好菌的低聚半乳糖（galactooligosaccharides / GOS），也是一種益菌生。**

如果每天吃九大杯蔬菜，應該可以每日兩次排出盤蛇狀的糞便。但是，大部分人不可能吃這麼多蔬菜，所以我開發了 GundryMD PrebioThrive。它裡面有 FOS 和 GOS 等共五種益菌生粉末，只要每天加水泡來喝即可達到上述的排便效果。

或者，你也可以食用洋車前子纖維粉。先從每天一小匙配水開始，之後再變成一大匙。也可以上網購買 BiMuno 和 Probiota Immune 這兩個牌子的 GOS，每天吃一包或一匙。然後，每天再吃一小匙菊糖粉。而 Just Like Sugar 代糖成分也是菊糖。

凝集素阻斷物質

如果我們因為不可抗拒因素吃了含有凝集素的食物，可以購買那些可以吸收凝集素的聚合物，例如我應患者要求開發的 GundryMD Lectin Shield。它含有九種可以吸收或阻斷凝集素進入腸壁的物質。只要在進食前吃兩顆即可。

或者，你也可以食用葡萄糖胺和甲基硫醯基甲烷（Methyl-Sulfonyl-Methane / MSM）錠劑，但是成分跟我的產品不同。服用這些錠劑的人只有 50％者關節疼痛獲得緩解。你可以在好市多或其他大型零售店買到 Osteo Bi-Flex 或 Move Free。

此外，也可以每天服用兩次五百毫克的甘露糖（D-mannose）。如果有尿道感染，甘露糖是蔓越莓裡面的活性成分，有助緩解感染。但是，蔓越莓果汁裡的甘露糖含量非常少。此外，也不要被號稱無糖的蔓越莓果汁所欺騙，因為裡面反而因此加了更多代糖。

阻糖物質

所有可以迅速裂解成為糖的單一碳水化合物，包括水果在內，都是一種糖。過去如果想要阻斷糖分子，必須攝取六種不同的營養補充品，但是，現在應患者要求，我開發了 GundryMD Glucose Defense 這個產品。它含有鉻、鋅、硒、肉桂皮萃取、黃連、薑黃萃取和黑胡椒萃取。每天兩次攝取兩顆膠囊即可。以上這些聚合物都會改變你的身體，而菊糖則可以幫助你處裡吃進去的糖。

好市多有一款叫做 CinSulin 的產品，裡面含有鉻和肉桂。每天吃兩顆膠囊，再加上每天三十毫克的鋅、每天一百五十微毫克的硒，以及每天兩次二百毫克黑胡椒萃取。

好市多和網路也有販售 Youtheory's Turmeric 薑黃素，也是不錯的選擇。每天吃三顆。薑黃素很難被人體吸收，但是它裡面的薑黃素是少數可以穿越腦血障壁、進入大腦的抗氧化素。因此，我開發了 BioMax Curcumin 親脂性薑黃，可以透過不同的管道被人體吸收，是我每天服用的營養補充品。

長鏈 omega-3

根據十年來，在我的患者血液裡所測量到的 omega-3 含量，發現大部分人嚴重缺乏 EPA 和 DHA 這兩種 omega-3 脂肪酸。只有每天都吃沙丁魚和鯡魚的患者，血液裡才有足夠的 EPA 和 DHA，不需要額外補充營養素。但是，每天吃鮭魚就無法達到這樣的效果。

我們大腦的60％是脂肪，其中一半是 DHA，另外一半則是花生四烯酸（arachidonic acid／AA）。蛋黃裡面含有豐富的花生四烯酸。研究顯示血液裡 omega-3 脂肪含量高的人，記憶力較好，而且腦的體積也較大。魚油則有助於修護腸壁，防止脂多醣穿越腸壁。

建議服用由沙丁魚和鯷魚等這些小型魚、以分子蒸餾提煉的魚油。義大利南部阿恰羅利的居民以鯷魚和迷迭香為主食，使得這個小漁村成為知名的長壽村。攝取魚油時，建議每天至少攝取一千毫克 DHA。可以查看產品成分表裡面的 DHA 含量。

推薦幾個不錯的魚油品牌：Kirkland Signature Fish Oil，一千兩百毫克。腸溶膜、藍色標籤、好市多和網路皆有買到。這是我自己服用多年的魚油。OmegaVia DHA 600、Carlson’s EliteGems 和檸檬口味魚油等，也是不錯的選擇。

非常蔬果生酮飲食法的營養補充

執行非常蔬果生酮飲食法的人，往往很快就會用光儲存在肝臟和肌肉裡面的肝醣（glycogen）。這個形式的醣必須透過水分子儲存，也因此會沖洗掉鉀和鎂這兩大重要礦物質。鉀和鎂都是防止肌肉痙攣的重要元素，所以許多人在開始執行這個飲食計畫的初期會出現腳抽筋的現象。這時只要每天兩次補充九十九毫克的鉀和三百毫克左右的鎂即可。鎂可能會造成腹瀉，若是如此，一天服用一次鎂即可。

營養補充品的意義

許多人認為營養補充品可以神奇地恢復疾病不適的狀況，並且使身體得到醫治。其實，這是誤解，營養補充品沒有那麼厲害。但是，如果遵行非常蔬果飲食法，那麼這些營養補充品就的確可以帶來可觀效果。我在許多國際知名大型醫學會議中都曾經公開報告這些效果。請記住：**營養補充品就是非常蔬果飲食法的補充品，並不是替代品**。

第三篇

非常蔬果飲食法菜單

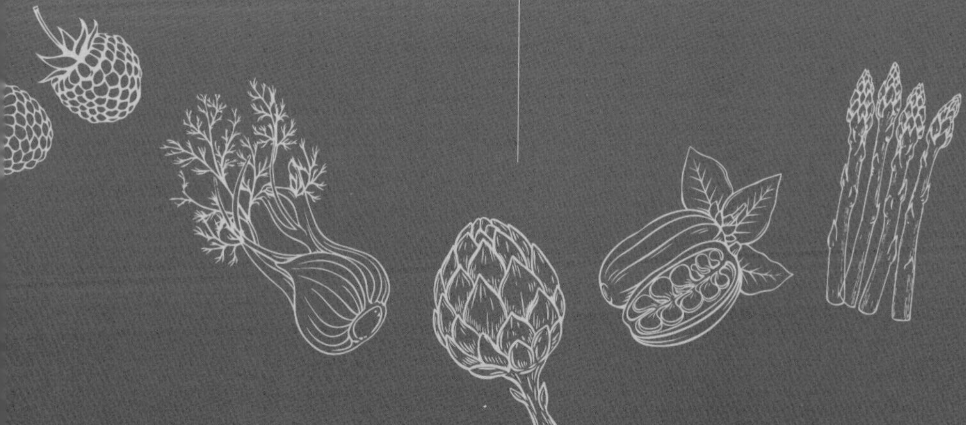

Chapter 12
非常蔬果飲食示範計畫

第一階段示範菜單：三天淨化期

所有菜單皆有食譜「*」表示含有雞肉或鮭魚，此外也有全素和蛋奶素版本。

第一天

早餐　鮮綠奶昔
點心　蘿蔓生菜船佐酪梨醬
午餐　芝麻葉沙拉佐雞肉
點心　蘿蔓生菜船佐酪梨醬
晚餐　炒羽衣甘藍佐鮭魚和酪梨

第二天

早餐 鮮綠奶昔

點心 蘿蔓生菜船佐酪梨醬

午餐 蘿蔓生菜沙拉佐香菜青醬雞肉

點心 蘿蔓生菜船佐酪梨醬

晚餐 洋蔥佐高麗菜素排

第三天

早餐 鮮綠奶昔

點心 蘿蔓生菜船佐酪梨醬

午餐 雞肉芝麻菜酪梨海帶捲佐香菜沾醬

點心 蘿蔓生菜船佐酪梨醬

晚餐 烤綠花椰菜佐白花椰菜碎米煎洋蔥

素

全素版本：以素肉取代動物性蛋白質。

蛋奶素版本：以無穀物的天貝、大麻子豆腐，或用酪梨油高溫煎烤二公分厚的白花椰菜切片，到兩面金黃以取代動物性蛋白質。

第二階段示範菜單：六週修復期

這個階段至少需維持六週。你可以輪流替換這兩個一週菜單，或者依照第八章的原則，自己創造菜單也可。

- 「＊」者表示含有雞肉、魚、甲殼類或蛋。
- 每一餐最多攝取一百公克動物性蛋白質。
- 全素者和蛋奶素者可以參考全素和蛋奶素版本。
- 蛋奶素者另外可以無穀物天貝、大麻子豆腐、素蛋、壓力鍋烹煮的豆類或白花椰菜「素排」來取代動物性蛋白質。全素者也可用 Quorn 牌素肉取代動物性蛋白質。

第一週

第一天

早餐 鮮綠奶昔

點心 四分之一杯生堅果

午餐 非穀飼雞雞胸肉與高麗菜絲萵苣捲佐酪梨切片*

點心 蘿蔓生菜船佐酪梨醬

晚餐 菠菜披薩佐白花椰菜脆餅、綜合蔬菜沙拉佐酪梨油醋醬

第二天

早餐 非常蔬果奶昔

點心 四分之一杯生堅果

午餐 小罐鮭魚罐頭加半顆酪梨佐巴薩米醋，再用萵苣葉捲起來*

點心 蘿蔓生菜船佐酪梨醬

晚餐 木薯粉鬆餅佐 Collagen Kick 素肉*、烤或炒綠花椰菜佐紫蘇油或酪梨油和一小匙麻油

第三天

早餐 鮮綠蛋香腸馬芬*

點心 四分之一杯生堅果

午餐 兩顆全熟非穀飼雞雞蛋佐羅勒青醬、任選蔬菜沙拉佐油醋醬汁*

點心 蘿蔓生菜船佐酪梨醬

晚餐 烤阿拉斯加鮭魚*、焗烤帕馬森起士白花椰菜泥、蘆筍沙拉佐芝麻和麻油醋醬汁

第四天

早餐 肉桂亞麻子馬芬蛋糕*

點心 四分之一杯生堅果

午餐 蘑菇湯、任選蔬菜沙拉佐油醋醬汁

點心 蘿蔓生菜船佐酪梨醬

晚餐 高粱沙拉佐紫葉菊苣，加上三或四隻烤野生蝦子或一百公克蟹肉*

第五天

早餐 鮮綠奶昔

點心 四分之一杯生堅果

午餐 寒天麵條或其他蒟蒻麵條拌橄欖油、鹽和胡椒，奶油生菜沙拉佐油醋醬汁

點心 蘿蔓生菜船佐酪梨醬

晚餐 烤秋葵脆片、烤非穀飼雞雞胸肉*、菠菜和紅洋蔥沙拉佐油醋醬汁

第六天

早餐 完美大蕉煎餅*

點心 四分之一杯生堅果

午餐 西洋芹湯、任選蔬菜沙拉佐油醋醬汁

點心 蘿蔓生菜船佐酪梨醬

晚餐 烤波特貝勒蘑菇（Portobello mushroom）青醬迷你披薩、任選蔬菜沙拉佐油醋醬汁、烤朝鮮薊

第七天

早餐 椰子杏仁粉馬芬蛋糕*

點心 四分之一杯生堅果

午餐 雞肉芝麻菜酪梨海帶捲佐香菜沾醬*

點心 蘿蔓生菜船佐酪梨醬

晚餐 蔬菜咖哩地瓜麵、白花椰菜碎米、任選蔬菜沙拉佐油醋醬汁

第二週

第一天

早餐 鮮綠奶昔

點心 四分之一杯生堅果

午餐 烤非穀飼雞雞胸肉*、刨絲大頭菜佐脆梨和堅果

點心 蘿蔓生菜船佐酪梨醬

晚餐 烤阿拉斯加鮭魚*、烤朝鮮薊心、高麗菜紅蘿蔔絲佐麻油和蘋果醋

第二天

早餐 非常蔬果奶昔

點心 四分之一杯生堅果

午餐 罐頭沙丁魚佐橄欖油和二分之一個切碎的酪梨與巴薩米醋，再用萵苣葉包裹成捲*

點心 蘿蔓生菜船佐酪梨醬

晚餐 堅果多汁菇菇漢堡，全蛋白質風格；烤或快炒蘆筍佐紫蘇油或酪梨油加一小匙麻油

第三天

早餐 蔓越莓橘子馬芬蛋糕*；兩顆碎蛋佐酪梨片

點心 四分之一杯生堅果

午餐 三片小米蛋糕*；任選生菜沙拉佐油醋醬汁

點心 蘿蔓生菜船佐酪梨醬

晚餐 烤阿拉斯加鮭魚*、烤帕馬森起士白花椰菜泥、苦苣芝麻菜沙拉佐芝麻油醋醬汁

第四天

早餐 肉桂大麻子馬芬蛋糕

點心 四分之一杯生堅果

午餐 芝麻菜沙拉佐雞肉*

點心 蘿蔓生菜船佐酪梨醬

晚餐 高粱沙拉佐菊苣根和阿拉斯加鮭魚*

第五天

早餐 鮮綠奶昔

點心 四分之一杯生堅果

午餐 西洋芹湯、任選生菜沙拉佐油醋醬汁

點心 蘿蔓生菜船佐酪梨醬

晚餐 炒羽衣甘藍佐鮭魚和酪梨*、白花椰菜米、菠菜與紅洋蔥沙拉佐油醋醬汁

第六天

早餐 木薯粉鬆餅佐 Collagen Kick 素肉 *

點心 四分之一杯生堅果

午餐 蘿蔓沙拉佐香菜青醬雞肉 *

點心 蘿蔓生菜船佐酪梨醬

晚餐 醃烤白花椰菜排；水田芥、豆薯、櫻桃蘿蔔沙拉佐油醋醬汁；印度酥油蒸朝鮮薊

第七天

早餐 椰子杏仁粉馬芬蛋糕

點心 四分之一杯生堅果

午餐 芝麻菜沙拉加一小罐鮪魚佐紫蘇油加醋為醬汁

晚餐 蔬菜地瓜咖哩麵、烤秋葵脆片

第三階段示範菜單　五天修正版全素斷食：成果收割

第三階段請繼續遵行第二階段的飲食計畫，但要減少動物性蛋白質的攝取量到每餐不超過五十公克（每天不超過一百公克），並且需要修正食譜。

這個階段可以慢慢測試自己對含有凝集素食物的耐受力，一次一種，小量添加在飲食中，包括用壓力鍋烹煮的豆類。如果你選擇如此做，就可以每個月實施一次五天修正版全素斷食。你可以在任何一餐用酪梨油烤成雙面金黃色的白花椰菜切片，取代大麻子豆腐或無穀物的天貝。

第一天

早餐　鮮綠奶昔

點心　蘿蔓生菜船佐酪梨醬

午餐　全素版的芝麻菜沙拉佐雞肉，以大麻子豆腐取代雞肉

點心　蘿蔓生菜船佐酪梨醬

晚餐 全素版的炒羽衣甘藍佐鮭魚和酪梨、搭配無穀物天貝

第二天

早餐 鮮綠奶昔

點心 蘿蔓生菜船佐酪梨醬

午餐 全素版的蘿蔓沙拉佐香菜青醬雞肉，以無穀物天貝取代雞肉

點心 蘿蔓生菜船佐酪梨醬

晚餐 洋蔥佐高麗菜素排

第三天

早餐 鮮綠奶昔

點心 蘿蔓生菜船佐酪梨醬

午餐 全素版雞肉芝麻菜酪梨海帶捲佐香菜沾醬，以大麻子豆腐取代雞肉

點心 蘿蔓生菜船佐酪梨醬

晚餐 烤綠花椰菜佐白花椰菜米與香煎洋蔥

第四天

早餐 鮮綠奶昔

點心 蘿蔓生菜船佐酪梨醬

午餐 全素版蘿蔓沙拉佐香菜青醬雞肉，以大麻子豆腐取代雞肉

點心 蘿蔓生菜船佐酪梨醬

晚餐 洋蔥佐高麗菜素排

第五天

早餐 鮮綠奶昔

點心 蘿蔓生菜船佐酪梨醬

午餐 全素版雞肉芝麻菜酪梨海帶捲佐香菜青醬沾汁，以無穀物天貝取代雞肉

點心 蘿蔓生菜船佐酪梨醬

晚餐 烤綠花椰菜佐白花椰菜米與香煎洋蔥

非常蔬果生酮飲食法示範

每週都重複這些飲食，請根據第250～259頁的指導原則變化菜單。修正第二階段的食譜，限制魚或其他動物性蛋白質的攝取量，每天不超過一百公克。除非特別註明，否則所有生菜沙拉都使用「生酮油醋醬汁」——橄欖油或紫蘇油，與MCT油一比一混合，再依個人口味添加醋。括號裡面是蛋奶素和全素者修正版飲食。第二階段的食譜則請參考第301～335頁。

第一天

早餐 鮮綠奶昔佐一大匙MCT油

點心 四分之一杯夏威夷豆或蘿蔓生菜船沙拉佐酪梨醬

午餐 Quorn的Chik'n Cutlets素肉與高麗菜絲生菜捲佐兩大匙酪梨美乃滋和酪梨切片，喝一大匙MCT油。（全素者替代品：醃漬烤白花椰菜素排取代Chik'n素肉。）

點心 一小袋單包裝椰子油或一大匙MCT油

晚餐 橄欖油與MCT油悶煮菠菜披薩佐白花椰菜薄脆餅皮（全素者替代品：醃漬烤白花椰菜素排）、綜合蔬菜沙拉佐酪梨和「生酮油醋醬汁」

第二天

早餐 椰子杏仁粉馬芬蛋糕（全素版），佐半杯重奶油（全脂罐頭椰子奶油或椰奶）

點心 四分之一杯夏威夷豆或蘿蔓生菜船佐酪梨醬

午餐 罐頭鮪魚或沙丁魚佐橄欖油（大麻子豆腐、無穀物天貝，或醃漬烤白花椰菜素排），連同半顆酪梨一起壓碎並佐巴薩米油醋醬汁、一大匙MCT油，再用萵苣葉捲起

點心 一小袋單包裝椰子油或一大匙MCT油

晚餐 堅果爆漿鮮菇堡，全蛋白質、佐烤或炒綠花椰菜與紫蘇油或酪梨油，一小匙麻油、和一大匙MCT油

第三天

早餐 鮮綠蛋香腸馬芬蛋糕（全素或蛋奶素版）、放在大碗中，淋上一大匙MCT油或椰子油佐一大匙橄欖油或紫蘇油

點心　四分之一杯夏威夷果仁或蘿蔓生菜船佐酪梨醬

午餐　三片小米蛋糕佐酪梨切片、任選生菜沙拉佐「生酮油醋醬汁」加一大匙 MCT 油

點心　一小袋單包裝椰子油或一大匙 MCT 油

晚餐　烤阿拉斯加鮭魚（或烤無穀物天貝或大麻子豆腐）、烤帕馬森白花椰菜泥（去掉帕馬森起士），蘆筍沙拉佐芝麻粒和麻油油醋醬汁，再加一大匙 MCT 油

第四天

早餐　肉桂亞麻子馬芬蛋糕，放在大碗中，佐一杯重奶油（椰子奶油或罐頭椰奶）

點心　四分之一杯夏威夷果仁或蘿蔓生菜船佐酪梨醬

午餐　生鮮菇菇湯佐一大匙 MCT 油和兩大匙橄欖油或紫蘇油，油越多越好；任選蔬菜沙拉佐「生酮油醋醬汁」

點心　一小袋單包裝椰子油或一大匙 MCT 油

晚餐　高粱沙拉和菊苣根佐三或四隻烤野生蝦子或一百公克螃蟹肉，加一大匙 MCT 油（可以用大麻子、大麻子豆腐或醃漬烤白花椰菜素排取代）

第五天

早餐 鮮綠奶昔佐一大匙MCT油

點心 四分之一杯夏威夷果仁或蘿蔓生菜船佐酪梨醬

午餐 寒天麵或其他蒟蒻麵拌橄欖油與MCT油，或二分之一杯奶油或四分之一杯奶油乳酪（或二分之一杯椰子奶油或罐頭椰奶），鹽和胡椒；以及波士頓萵苣沙拉佐「生酮油醋醬汁」

點心 一小袋單包裝椰子油或一大匙MCT油

晚餐 蔬菜咖哩佐地瓜麵條、椰子奶油或罐頭椰奶煮白花椰菜米、菠菜紅洋蔥沙拉佐「生酮油醋醬汁」。

第六天

早餐 酪梨切半，加上一顆蛋黃和一大匙MCT油，烤到蛋黃開始變厚，再加上椰子奶油食用

點心 四分之一杯夏威夷果仁或蘿蔓生菜船佐酪梨醬

午餐 西洋芹菜湯，邊煮邊加入二分之一杯重奶油（或二分之一杯椰子奶油）、任選生菜沙

拉佐「生酮油醋醬汁」

點心 一小袋單包裝椰子油或一大匙 MCT 油

晚餐 烤青醬波特菇披薩（全素或蛋奶素者版）、任選生菜沙拉佐「生酮油醋醬汁」、蒸朝鮮薊佐不限量的印度酥油加一大匙 MCT 油（可用椰子油或紅棕櫚油當沾醬）

第七天

早餐 三顆蛋黃蛋捲（去掉蛋白）加一顆全蛋，加上蘑菇和菠菜，用椰子油烹煮，再淋上大量紫蘇油、酪梨油或橄欖油（全素或蛋奶素版的鮮綠蛋香腸馬芬蛋糕）

點心 四分之一杯夏威夷果仁或蘿蔓生菜船佐酪梨醬

午餐 芝麻菜沙拉佐罐頭鮪魚、鮭魚或沙丁魚（大麻子豆腐、無穀物天貝或醃漬烤白花椰菜素排）佐「生酮油醋醬汁」。

晚餐 寒天蒟蒻麵或其他蒟蒻麵條佐 Kirkland Pesto Sauce 青醬（或全素青醬），再加一大匙 MCT 油。

Chapter 13

非常蔬果飲食法——食材與作法

以下將提供三十六道由伊琳娜・斯科克司所設計的食譜，以因應三階段飲食計畫的需求。所有食譜都可用在非常蔬果生酮飲食法中，並可視需要微幅調整。你可以依據這些食譜開發自己的專屬食譜。

你可以全程都使用第一階段或第二階段的食譜，只不過在第三階段時期需要減少魚或其他動物性白質的攝取量到每餐低於五十公克。許多食譜裡面都不含動物性蛋白質。如果有含，我也會提供全素和蛋奶素版本。其中有一道菜含有用壓力鍋烹煮的豆類，因此只適合第三階段。但是，如果你是全素或蛋奶素食者，你可以吃豆類，只要用壓力鍋烹煮即可。

蔬菜的種類盡量多元和有機。只能吃「綠燈清單」所列的當季蔬菜和少數的水果。調味料就地取材即可，有機冷凍調味料比非有機的新鮮調味料好。

食材採購提醒

這些食譜裡面大部分調味料都可以在超市買到，如果沒有，上網也都買得到。以下介紹一些我最愛的調味料。⑯

⊙**杏仁奶油**：購買有機、無添加糖、由非基改的生杏仁豆所製作的。不要買那些含有氫化油（反式脂肪）的產品。

⊙**杏仁粉**：最好購買非基改杏仁所研磨的杏仁粉。

⊙**杏仁牛奶**：非基改杏仁豆製作、無添加糖、有機、無調味的產品。不要被「輕」或「低脂」字眼所欺騙。

⊙**葛粉**：葛粉不含麩質和其他凝集素，而且可以跟其他烘培用粉類混合使用，做成鬆餅，或取代太白粉做為勾芡使用。

⑯本書部分食材，台灣並不常見，必須至美式大賣場或網路上選購。而非穀飼的放養雞，則需向農場特別訂購。

⊙**酪梨**：深綠色或黑色外皮、表面粗糙的 Hass 酪梨是我的最愛。此外，鮮綠色外皮、表面光滑的 Florida 酪梨品種，也是不錯的選擇。

⊙**酪梨美乃滋**：它是以酪梨油做為基底的美乃滋抹醬，可以上網購買 Primal Kitchen 的酪梨美乃滋，或是自己 DIY。

⊙**酪梨油**：充滿了不飽和脂肪酸，沒有味道、燃煙點最高的酪梨油是最好的全用途油品。建議購買用 Hass 酪梨壓製而成的酪梨油，在好市多和網路上都買得到。

⊙**無鋁烘焙粉**：傳統烘焙粉基本上是磷酸鋁鈉或明礬跟蘇打粉的混合物，有害身體健康！建議購買 Bob's Red Mill 和 Rumford 這兩種不含鋁的烘焙粉。

⊙**印度香米**：第三階段可以吃一點點，來自印度的白色香米所含的凝集素量最少，而抗性澱粉量則是所有米中最高的。

⊙**黑胡椒**：現磨黑胡椒比已經研磨好的細黑胡椒粉香味更濃郁。好市多販售的 Tellicherry 黑胡椒是個不錯的選擇。

⊙**木薯粉**：木薯粉是非麩質烘焙食品膨脹的關鍵，推薦 Amazon 所販賣的 Moon Rabbit 和 Otto's Naturals 這兩個品牌。

⊙**辣椒**：跟所有彩椒類一樣，辣椒的皮和子都含有凝集素，所以研磨之前，務必去皮去子。

⊙**巧克力**：可可含量至少必須72％，而且無添加糖。Trader Joe's、瑞士蓮、Valrona 等都提供可可含量介於85～90％的黑巧克力。

⊙**可可粉**：不是含糖的巧克力綜合粉，而是不含有用來中和可可豆裡含有苦味的多酚之溴酸鉀或碳酸鉀的天然可可粉。不要買鹼化處理，也就是 Dutch 處理的可可粉。沒有多酚，可可就沒有益處。我最喜歡的牌子是 Dagoba 和 Scharffen Berger。

⊙**椰子奶油**：椰子奶油有時又稱為椰奶，但是比較濃郁，而且是罐裝。不要買含糖，或是標示為低脂的產品。推薦 Trader Joe's 的椰子奶油。

⊙**椰子粉**：它比穀粉更能吸收水分，所以最好依照食譜製作。建議品牌：Bob's Red Mill、Nutiva 和 Let's Do 的有機椰子粉。

⊙**椰奶**：越來越多超市可以看到冷藏或常溫販售的椰奶。椰奶比杏仁奶或大麻子奶更接近全脂牛奶。不要買含糖或調味的椰奶。

⊙**椰子油**：椰子油是很棒的炒煎用油，高溫時呈液體狀，攝氏二十一度左右就會變成固體。此時，只要把整罐椰子油放在熱水中幾分鐘或微波爐中幾秒鐘，就會融化成為液體。許多超市都有販售。推薦 Kirkland Viva Labs、Carrinton Farms 和 Nature's Way 等品牌的有機初榨椰子油。

⊙**赤藻糖醇**：請見 Swerve。

⊙**亞麻子粉**：亞麻子含有 omega-3 油脂。最好購買冷磨亞麻子粉，因為熱會讓亞麻子腐壞。只要是磨碎的亞麻子，都必須冷藏或冷凍，以避免腐敗。

⊙**印度酥油**：印度酥油因為移除了裡面的蛋白質，所以變得清澈，不含 A-1 酪蛋白，因為裡面只含有百分之百的脂肪，沒有蛋白質。建議購買 Pure 或 Pure Indian Foods 的草飼牛印度酥油，裡面所含的 omega-3 比一般飼養的動物性奶油好。

⊙**山羊乳製品**：大部分超市都買得到羊奶和羊奶奶粉。山羊乳製品則須上網購買或與農場訂購。

⊙**大麻子汁**：大麻子汁也是牛奶的替代品之一，可以用在奶昔和烘培食品上。Pacific Natural 和 Living Harvest 這兩個品牌可上網或至大賣場選購。大麻子汁並不是可供吸食的毒品，所以你不會因此飄飄然，但是，千萬不要買到有加糖或調味的大麻子汁。

⊙**大麻子蛋白質粉**：大麻子蛋白質粉含有所有必需胺基酸、富含有益心臟健康的 omega-3，而且沒有其他蛋白質粉的缺點。全素者可以用大麻子蛋白質粉來取代乳清蛋白質粉。

⊙**大麻子豆腐**：它的製作方法跟黃豆豆腐一樣，只不過是使用大麻子，而不是用黃豆。它比黃豆豆腐更濃稠。

⊙**蜂蜜**：在第三階段每天最多可以食用一小匙在地蜂蜜或麥蘆卡蜂蜜（Manuka honey）。但是，提醒大家蜂蜜也是糖。

⊙**菊糖**：請見Just Like Sugar。

⊙**Just Like Sugar**：這個天然甜味劑含有腸道好菌喜歡的多醣類菊糖。Viv Agave Organic Blue Agave Inulin 則是Just Like Sugar 的另一個選擇。

⊙**海洋膠原蛋白**：用魚製造，但是沒有魚腥味。建議 Amazon 的 Vital Protein 的海洋膠原蛋白。

⊙**小米**：小米不含凝集素，幾乎所有超市都買得到。

⊙**蒟蒻米/麵**：用蒟蒻製造的米食/麵食替代品。可在超市或上網採購。

⊙**莫札瑞拉起士**：只能使用山羊奶或水牛奶製造的莫札瑞拉起士。大部分超市都買得到水牛奶製作的莫札瑞拉起士。此外，也可以從網路上購買山羊奶製作的莫札瑞拉起士。

⊙**海苔**：就是用來包裹壽司的海苔片。所有超市都買得到。有機的最好。

⊙**營養酵母**：不是用來讓麵包發酵的酵母，而是可以成為素食取代肉、蛋或起士味道的維生素B群來源。有機食品店和網路可以買到片狀或粉狀的營養酵母。

⊙**橄欖油**：只使用特級初榨橄欖油，最好是冷壓，烹調用和做為沙拉醬汁用。

⊙**匈牙利紅辣椒**：參考辣椒。

⊙**帕瑪森乾酪**：使用春天和秋天青草茂盛季節期間所收集的牛奶製作而成的陳年硬乾酪。建議只買義大利進口的帕馬森乾酪，因為義大利的牛奶不含酪蛋白A-1。

⊙**佩克瑞諾－羅曼諾羊奶起士**（Pecorico-Romano）：這是來自用自托斯卡尼綿羊奶製作，來的乳酪。

⊙**紫蘇油**：紫蘇油含有大量α亞麻酸（alpha linolenic acid），是一種可以保護心臟健康的omega-3脂肪酸。

⊙Quorn **產品**：這些是由蘑菇做成的素食，有雞肉和火雞肉的味道和口感。但是，某些特定產品含有少量蛋白，因此不適合全素者食用。而全素產品則含有一點馬鈴薯和麩質，所以不能吃。此外，也避免麵包品項。在台灣請上網選購。

⊙**海鹽**：選擇含碘的海鹽。

⊙**高粱**：高粱不含凝集素。美國大部分超市皆可買到 Bob's Red Mill 的高粱。但是在台灣請上網購買。

⊙**甜菊糖**：甜菊是天然香草，甜度比蔗糖高三百倍，可以購買粉末狀或滴劑。建議購買 SweetLeaf 這個品牌的甜菊糖。

⊙**Swerve**：這個品牌是由赤藻糖醇提煉的天然甜味劑，比較不會造成胃部不適，適合用在烘培中。

⊙**天貝**：天貝是由發酵的黃豆製造的高蛋白質塊。只能購買不含穀物的天貝。

⊙**香草精**：小心不要買到化學調味的香草精，務必購買有機天然香草豆萃取的香草精。

⊙**素蛋**：雖然口感和外觀跟蛋很像，但是素蛋是由海藻粉、海藻蛋白質、營養酵母和其他植物所做成的。它不含凝集素，不含乳製品、不含基改作物，而且全素者可食。可在 Amazon 或某些網站上買到。

⊙**乳清蛋白粉**：乳清蛋白是製造起士時的副產品。許多乳清蛋白產品含有大量糖或人工甜味劑。乳清蛋白質也會使得 IFC 生長因子變多，而讓健身者可以增加肌肉量，但它同時也會刺激癌症的發生，並使人老化，所以用量要小心。

⊙**優格**：只能吃不加糖、無調味、由山羊奶或綿羊奶做成的優格。我最喜歡的優格是用椰奶或大麻子汁發酵做成的優格。

第一階段到第二階段食譜表

第一階段食譜

- 鮮綠奶昔
- 蘿蔓生菜沙拉佐香菜青醬雞肉
- 芝麻葉沙拉佐雞肉
- 雞肉芝麻菜酪梨海苔捲佐香菜沾醬
- 洋蔥佐高麗菜素排
- 炒高麗菜佐鮭魚和酪梨
- 烤綠花椰菜白花椰菜米佐煎洋蔥
- 蘿蔓生菜船佐酪梨醬

第二階段食譜

早餐

- 椰子杏仁粉馬芬蛋糕
- 蔓越莓柳橙馬芬蛋糕
- 肉桂亞麻子馬芬蛋糕
- 鮮綠蛋香腸馬芬蛋糕
- 非常蔬果奶昔
- 完美大蕉鬆餅

點心和飲料

- 非常蔬果餅乾
- 岡博士的美味綜合堅果
- 巴薩米醋氣泡礦泉水
- 起床卡布奇諾

主餐和配菜

- 迷迭香西洋芹菜湯
- 高粱沙拉佐紫葉菊苣
- 百里香生鮮菇菇湯
- 堅果爆漿鮮菇堡
- 菠菜披薩佐白花椰菜薄脆餅
- 烤波特貝拉菇青醬迷你披薩
- 烤帕馬森白花椰菜泥
- 壓力鍋煮皇帝豆羽衣甘藍和火雞
- 大頭菜切片佐脆梨和堅果
- 小米蛋糕
- 烤秋葵脆片
- 素食咖哩佐地瓜麵
- 烤炸朝鮮薊心
- 膠原蛋白木薯粉鬆餅
- 醃漬烤白花椰菜素排

甜點

- 蒟蒻米布丁
- 薄荷巧克力片酪梨冰淇淋
- 無麵粉巧克力杏仁奶油蛋糕

第一階段：三天淨化食譜作法

盡量使用在地栽培的有機調味料。油品部分則用有機酪梨油和特級初榨橄欖油。魚肉必須是野生補獲，雞肉都應該是非穀飼雞。這個單元裡所有食譜都是一人份。如果你跟別人一起進行，就請依照人數加量。第二階段則可依個人喜好繼續使用這些食譜。

Healthy Note 淨化輕鬆做

- 每天早餐都喝一杯鮮綠奶昔，建議一次做三天份，放在冰箱。
- 午餐建議吃兩份沙拉和海苔捲。海苔捲比沙拉更方便攜帶，可以都吃海苔捲，裡面的餡料可用鮭魚和雞肉輪流替換。
- 如果你星期一開始淨化，那就可以預先做好所有的餐點，要吃的時候用微波爐加熱即可。
- 你可以預先做好白花椰菜米，吃之前再加熱即可。
- 午餐的沙拉醬汁一律使用檸檬油醋汁，所以建議你一次做兩份，放在玻璃罐裡面冰起來，需要時再拿出來使用。

食譜

適用期為第一到三階段

鮮綠奶昔

你可以一次做三天份，放入玻璃盒中，放在冰箱中保存；如果奶昔太濃稠，多加點水。

材料｜1 人份

- 一杯切碎的羅蔓生菜
- 半杯菠菜
- 薄荷葉，帶梗
- 半顆酪梨
- 四大匙現榨檸檬汁
- 三到六滴甜菊糖精
- 四分之一杯冰塊
- 一杯水

作法｜5 分鐘

把上述所有東西放入攪拌機中高速攪拌，直到變得濃稠滑順為止，可視需要添加冰塊。

適用期為第一到三階段

蘿蔓生菜沙拉佐香菜青醬雞肉

做好的香菜青醬汁放入玻璃容器中冰起來。也可以用羅勒或荷蘭芹取代香菜。這個醬汁可用在其他沙拉，建議可做兩天份。

材料 1 人份

雞肉

- 一大匙酪梨油、現榨檸檬汁
- 一百公克去皮非穀飼雞雞胸肉條
- 四分之一小匙含碘海鹽

青醬

- 兩杯切碎的香菜
- 四分之一杯特級初榨橄欖油
- 兩大匙現榨檸檬汁
- 四分之一小匙含碘海鹽

醬汁

- 半顆酪梨、切片
- 兩大匙現榨檸檬汁
- 兩大匙特級初榨橄欖油
- 一點含碘海鹽
- 一杯半切碎的蘿蔓生菜

作法 15 分鐘

1 用煎鍋高溫加熱酪梨油，放入雞肉條，灑上檸檬汁和鹽。雞肉條煎約兩分鐘，翻面，再煎直到熟透。從鍋中取出，放置一旁。

2 把所有青醬調味料放入高速攪拌機中，攪拌直到非常順滑為止。

3 用一大匙酪梨油跟檸檬汁攪拌，放置一旁。再把一大匙檸檬汁、橄欖油和鹽，都放入玻璃罐中，蓋緊。搖晃直到充分混合為止。

4 用醬汁拌蘿蔓生菜。把酪梨片和雞肉放在生菜上，上面再淋上青醬。

素

全素版本和蛋奶素版本：請參考芝麻葉沙拉佐雞肉。

適用期為第一到三階段

芝麻葉沙拉佐雞肉

蘿蔓生菜沙拉佐香菜青醬雞肉也使用同樣的醬汁。所以可以一次做兩份，放在玻璃盒中冰起來。

材料 1 人份

雞肉

- 一大匙酪梨油
- 一百克去皮非穀飼雞雞胸肉，切成條
- 一大匙現榨檸檬汁
- 四分之一小匙含碘海鹽
- 半顆檸檬皮（視需要）

醬汁

- 兩大匙特級初榨橄欖油
- 一大匙現榨檸檬汁
- 一點含碘海鹽

沙拉

- 一杯半芝麻菜

作法 15 分鐘

1 用煎鍋高溫加熱酪梨油，放入雞肉條，灑上檸檬汁和鹽。雞肉條煎約兩分鐘，翻面，再煎直到熟透。從鍋中取出，放置一旁。

2 把所有調味料放入透明玻璃罐中密封起來。搖晃直到充分混合為止。

3 用醬汁拌芝麻菜，再加上雞肉，並依個人口味喜好加上檸檬皮。

素

全素版本：用無穀物天貝、大麻子豆腐或白花椰菜素排取代雞肉。白花椰菜素排就是把白花椰菜切成二公分厚，用酪梨油燒烤，直到兩面金黃為止。
蛋奶素版本：同全素版本，或者用 Quorn 素肉產品來取代。

適用期為第一到三階段

雞肉芝麻酪梨海苔捲佐香菜沾醬

材料 | 1 人份

內餡

- 一大匙酪梨油
- 一百公克的非穀飼雞雞胸肉，切長條
- 兩大匙新鮮現榨檸檬汁
- 四分之一小匙含碘的海鹽，加半顆切片酪梨
- 一杯芝麻菜
- 一片壽司海苔
- 四顆綠橄欖、去子切半

香菜沾醬

- 一量杯切碎的香菜
- 四分之一杯特級初榨橄欖油
- 兩大匙新鮮現榨檸檬汁
- 四分之一小匙含碘海鹽

作法 | 15 分鐘

1 小煎鍋裡倒入酪梨油，高溫加熱。在熱鍋中放入雞肉條，灑上一大匙檸檬汁和鹽。雞肉條煎約兩分鐘，翻面，再煎直到熟透為止。從鍋中取出，放置一旁。

2 剩下的檸檬汁拌酪梨，用鹽調味。

3 把沾醬所有調味料放入高速攪拌機中，攪拌直到濃稠滑順為止。

4 芝麻菜放在海苔片中間下方，加上雞肉、酪梨和橄欖，灑上鹽，捲緊，封口用一點水密封。切半，搭配香菜沾醬食用。

素

全素版本：用無穀物天貝、大麻子豆腐或白花椰菜素排取代雞肉。白花椰菜素排就是把白花椰菜切成二公分厚，用酪梨油燒烤，直到兩面金黃為止。
蛋奶素版本：同全素版本，或者用 Quorn 素肉產品取代。

適用期為第一到三階段

洋蔥佐
高麗菜素排

材料 1 人份

- 四大匙酪梨油
- 一片三公分厚紫高麗菜切片
- 四分之一大匙含碘海鹽
- 半顆紅洋蔥，切成細絲
- 一杯球芽甘藍，切細絲
- 一杯半切碎的羽衣甘藍
- 一大匙新鮮現榨檸檬汁
- 特級初榨橄欖油

作法 20 分鐘

1 大火熱煎鍋，鍋熱之後，加入一大匙酪梨油；轉成中火，放入高麗菜切片燒烤，直到兩面皆為金黃色為止。用一點鹽調味，起鍋、放入盤中，蓋上保溫。

2 中火熱煎鍋，放入兩大匙酪梨油。加入洋蔥和球芽甘藍。煎到變軟為止，大約三分鐘。加入一大匙酪梨油、羽衣甘藍和檸檬汁，煎約三分鐘，直到羽衣甘藍變軟，用四分之一小匙鹽調味。

3 食用時，在高麗菜素排上加上煎過的蔬菜。視需要加入一點橄欖油。

適用期為第一到三階段

炒高麗菜
佐鮭魚和酪梨

這道菜非常多變，可以用其他野生捕獲的魚或甲殼類或非穀飼雞肉取代鮭魚；高麗菜則可用青江菜或大白菜取代。

材料 | 1 人份

- 半顆酪梨、切片
- 三大匙現榨檸檬汁
- 四小撮含碘海鹽
- 三大匙酪梨油
- 一杯半切碎高麗菜
- 半顆紅洋蔥切成細絲
- 一百公克的野生阿拉斯加鮭魚

作法 | 20 分鐘

1. 用一大匙檸檬汁拌酪梨切片，灑上一點鹽，放置一旁。
2. 中火熱鍋，加入兩大匙酪梨油、高麗菜和洋蔥。煎到變軟，偶爾拌炒。再加兩撮鹽，起鍋，放置一旁。
3. 一大匙酪梨油加入鍋中，轉大火，加入兩大匙檸檬汁和鮭魚。燒烤鮭魚三分鐘，翻面，煎到熟為止。用鹽調味。
4. 食用時，在鮭魚和酪梨上面加煎過的高麗菜和洋蔥。

素

全素版本：用無穀物天貝、大麻子豆腐或白花椰菜素排取代雞肉。白花椰菜素排就是把白花椰菜切成二公分厚，用酪梨油燒烤，直到兩面金黃為止。
蛋奶素版本：同全素版本，或者用 Quorn 素肉產品取代。

適用期為第一到三階段

烤綠花椰菜白花椰菜米佐煎洋蔥

材料｜1 人份

白花椰菜米

- 半顆中型大小白花椰菜，切成碎粒狀
- 一大匙酪梨油
- 一大匙現榨檸檬汁
- 四分之一小匙咖哩粉
- 一小撮含碘海鹽

綠花椰菜

- 一杯半切碎綠花椰菜
- 一又二分之一大匙的酪梨油
- 一點含碘海鹽

咖哩洋蔥

- 半大匙酪梨油
- 半顆紅洋蔥、切細絲
- 一點含碘海鹽

作法｜20 分鐘

1 烤箱加熱到攝氏二百度。中型煎鍋裡加入一大匙酪梨油、檸檬汁、咖哩粉、一點海鹽來煎白花椰菜，直到變軟為止。把白花椰菜米放入盤中，保溫。注意：不要煮過頭，以至於變軟爛。

2 把綠花椰菜放入方形玻璃盒中，加上一大匙酪梨油，放入烤箱中十五分鐘，攪拌兩次，直到變軟為止。用鹽調味。

3 用中火熱鍋，加入剩下來的半大匙酪梨油和切絲洋蔥，煎到變軟，拌炒約五分鐘。用鹽調味。

4 食用時，把白花椰菜米放在盤中，上面再放綠花椰菜和煎洋蔥。

適用期為第一到三階段

蘿蔓生菜船
佐酪梨醬

建議使用外皮黑色的 Hass 酪梨來製作酪梨醬，因為它比表皮光滑、體型較大的 Florida 酪梨含有更多有益心臟健康的不飽和脂肪酸。

材料 | 1 人份

- 半顆酪梨
- 一小匙切碎的香菜
- 一大匙新鮮現榨檸檬汁
- 一小撮含碘海鹽
- 四片蘿蔓生菜葉、洗淨瀝乾

作法 | 5 分鐘

1 把酪梨、洋蔥、香菜、檸檬汁和鹽放入碗中。用湯匙壓碎直到變柔滑為止。

2 把做好的酪梨醬放在蘿蔓生菜葉上食用。

適用期為第二到三階段

椰子杏仁粉馬芬蛋糕

早餐

這個美味的馬芬蛋糕建議一次做兩個，隔天要吃加熱即可。這個食譜中可加入一小匙可可粉、檸檬或橘子皮、薄荷葉或任何香草、莓果，以增加多酚或類黃酮。把麵糰倒入平底鍋中可做成鬆餅。

材料 1 人份

- 一大匙已融化的特級初榨椰子油
- 一大匙特級初榨橄欖油或夏威夷果仁油
- 一大匙椰子粉
- 一大匙杏仁粉
- 半小匙無鋁烘焙粉
- 一點含碘海鹽
- 一小包甜菊糖
- 一大匙水
- 一大顆非穀飼雞或含有 omega-3 的雞蛋

作法 5 分鐘

1 把所有材料放入一個約二百到三百公克容量、可放入微波爐的馬克杯中，用湯匙充分攪拌。底部和側邊記得擦乾淨。靜置幾秒鐘。

2 微波爐用高溫一分鐘再加二十五到三十秒。

3 從微波爐中取出馬克杯，把馬芬蛋糕倒扣出來。靜置幾分鐘冷卻之後食用。

素

全素版本：用一份素蛋取代雞蛋。

適用期為第二到三階段

蔓越莓柳橙馬芬蛋糕

早餐

蔓越莓和柳橙都是很棒的維生素 C 來源，但大部分蔓越莓乾都有加糖或玉米糖漿，務必避免。可在有機商店或網路買到冷凍乾燥無調味蔓越莓。取柳橙皮時不要取有苦味的白色皮囊。

材料 | 6 人份

- 四分之一杯椰子粉
- 四分之一小匙含碘海鹽
- 四分之一杯融化的特級初榨椰子油
- 四分之一杯 Just Like Sugar 或木糖醇
- 三大顆非穀飼雞雞蛋或含有 omega-3 的雞蛋
- 一大匙柳橙皮
- 半杯無加糖蔓越莓乾

作法 | 30 分鐘

1. 烤箱加熱到攝氏二百度。放入六個馬芬蛋糕杯，排列好，加杯模紙。
2. 把椰子粉、鹽和烘培蘇打加進食物攪拌機中，再加入椰子油、Just Like Sugar、雞蛋和柳橙皮。攪拌直到均勻為止。拿掉攪拌刀，加入蔓越莓，用手攪拌。
3. 把麵糊放入馬芬蛋糕杯中，裝滿直到杯緣。烤二十分鐘。冷卻十五分鐘再食用。

素

全素版本：用三份素蛋取代雞蛋。

適用期為第二到三階段

肉桂亞麻子馬芬蛋糕

早餐

用咖啡磨豆機把新鮮的亞麻子磨成粉，之後放入冰箱中保存。新鮮亞麻子有堅果的味道，但是味道不怎麼好，所以建議加入大量肉桂。如果味道真的很不好，表示亞麻子已經腐敗，就丟掉，不要再用。

材料｜1 人份

- 四分之一杯的亞麻子粉
- 一小匙肉桂粉
- 一大顆非穀飼雞雞蛋或 omega-3 雞蛋
- 一大匙已融化的特級初榨椰子油
- 一小匙無鋁烘培粉
- 一小包甜菊糖

作法｜4 分鐘

1. 把所有材料放入微波爐用的馬克杯中，用叉子充分攪拌混合。底部和杯緣記得刮乾淨。靜置幾秒鐘。
2. 微波爐高溫一分鐘。檢查一下，如果馬芬蛋糕的中央仍然潮濕，就再煮五到十五秒。
3. 從微波爐中取出馬克杯，把馬芬蛋糕倒扣出來。冷卻之後再食用。

素

全素版本：可用一份素蛋取代雞蛋。

適用期為第二到三階段

鮮綠蛋香腸馬芬蛋糕

早餐

吃剩的馬芬蛋糕可以放在玻璃盒中，放入冰箱，要吃的時候再微波加熱即可，或者帶一個上班，常溫解凍，就可以當做午餐。

材料 ｜ 12 人份

- 五百公克義式香腸或西班牙辣香腸。
- 冷凍菠菜（或羽衣甘藍）切碎成細末。
- 五顆非穀飼雞雞蛋或 omega-3 雞蛋
- 兩大匙特級初榨橄欖油或紫蘇油
- 大蒜兩瓣、去皮
- 兩大匙義大利調味料
- 兩大匙洋蔥粉
- 半小匙含碘海鹽
- 半小匙磨碎黑胡椒

作法 ｜ 50 分鐘

1 烤箱加熱至攝氏二百度，把十二個馬芬蛋糕杯排列好，加上杯模紙。

2 把香腸弄碎，放進一個非鐵氟龍平底鍋中，用中火，頻繁拌炒，直到變棕色為止。放置一旁。

3 用叉子把裝菠菜的袋子戳洞，放入可以微波的碗中，放進微波爐中，高溫微波三分鐘。

4 袋子邊緣剪一個小洞，擠出裡面的水分。

5 把瀝乾的菠菜、蛋、橄欖油、大蒜、義大利調味料、洋蔥、鹽和胡椒放入高速攪拌機中，混合一分鐘。換到一個大碗中，加入香腸，充分攪拌混合。

6 把餡料裝入馬芬蛋糕杯中，直到杯緣。烤三十到三十五分鐘，直到上面開始變金黃色為止。從烤箱中拿出來，冷取之後食用。

素

全素版本：用 Quorn Grounds 碎肉取代香腸。不需要油炸，只要簡單解凍，加入菠菜蛋混合物和一小匙茴香子。
蛋奶素版本：用五份素蛋取代雞蛋；用一包粗切的天貝取代香腸，再加入一小匙茴香子。

適用期為第二到三階段

非常蔬果奶昔

早餐

材料 1 人份

- 一大匙石榴粉
- 兩大匙磨碎的亞麻子
- 一勺改性柑橘果膠
- 半根綠香蕉、切片
- 一大匙特級初榨椰子油
- 一小匙 Just Like Sugar
- 半杯無糖椰奶
- 一杯半水
- 三或四個冰塊

作法 2 分鐘

把將所有粉料放入高速攪拌機中，加入線香蕉、椰子油、Just Like Sugar、椰奶和冰塊，高速攪拌，直到變成滑順濃郁為止。

適用期為第二到三階段

完美大蕉鬆餅

早餐

大蕉比香蕉還甜，是很好的抗性澱粉來源，更是腸道好菌喜歡的食物。香草可以增加風味，但是千萬不要使用含有人工香料的香草精，最好使用有機香草精。

材料 | 4 人份、8 塊鬆餅

- 兩大條綠大蕉，去皮、切片
- 四大顆非穀飼雞雞蛋或 omega-3 雞蛋
- 兩小匙純香草精
- 四到五大匙特級初榨椰子油
- 四分之一杯 Just Like Sugar
- 八分之一小匙含碘海鹽
- 半小匙烘培蘇打粉

作法 | 30 分鐘

1 把大蕉切片放入攪拌機中攪拌成果泥。加入蛋，攪拌成滑順的麵糰。加入香草精、三大匙椰子油、Just Like Sugar、鹽和泡打粉。高速攪拌二到三分鐘，直到滑順為止。

2 平底鍋或烤盤上倒入一大匙椰子油、中火加熱。油熱之後，將半杯麵糰倒入鍋中做成餅，約做二到三塊鬆餅。

3 煎四到五分鐘，直到上面變乾。翻面再煎一分半到兩分鐘，剩下麵糰比照辦理，視需要添加椰子油。

素

全素版本：用四份素蛋取代雞蛋。

適用期為第二到三階段

非常蔬果餅乾

點心

這個餅乾可以解饞，也可以適當地加入炒蛋、湯或生菜沙拉中，或者加上一片允許食用的起士。其中的香草也可以依個人喜好替換。

材料 | 4 人份、20 片

- 兩大顆非飼雞雞蛋或omega-3 雞蛋
- 一小匙水
- 一杯杏仁粉
- 半杯椰子粉
- 半小匙含碘海鹽
- 一小匙義大利調味料（視需要）

作法 | 35 分鐘

1 烤箱加熱到攝氏二百度。

2 在小碗裡把蛋和水打勻。

3 把杏仁粉、椰子粉和鹽倒入一個中碗，混合，再依個人喜好加入義大利調味料。把蛋液加入粉糰中，充分混合，不要留有任何結塊。

4 舀起約一顆彈珠大小，放在烤盤紙上，用湯匙背面壓扁，烤約二十分鐘，直到酥脆為止。

適用期為第二到三階段

岡博士的美味綜合堅果

點心

由於堅果有益心臟、大腦和整體健康，因此這個綜合堅果就成為我的飲食計劃中重要環節。我們現在知道堅果中的抗性澱粉，剛好就是腸道好朋友最需要的食物。堅果雖然有益健康，但是適量即可。

材料 | 10 杯

- 一磅生的去殼核桃、碎片或顆粒皆可
- 一磅生的去殼開心果或加鹽乾烤的開心果
- 一磅生的去殼夏威夷果仁或加鹽乾烤的夏威夷果仁

作法 | 5 分鐘

把所有堅果放在一個大碗中，用手或湯匙攪拌到充分混合為止。每四分之一杯裝袋，放入冰箱中保存。

素

* 如果生夏威夷果仁已經裂半，就表示它們已經腐壞，請使用烤過的夏威夷果仁替代。

適用期為第二到三階段

巴薩米醋氣泡礦泉水

飲料

所有健怡低卡可樂飲料都會殺死腸道好菌。Napa Valley Naturals Grand Reserve 是我最愛的巴薩米醋品牌，而巴薩米醋氣泡礦泉水含有最強大的多酚聚合物白藜蘆醇，對身體有益。San Pellegrino 則是我最愛的氣泡水品牌，因為裡面含有均衡的 pH 值，而且它的硫含量是所有氣泡水品牌中最高的。

材料 | 1 人份

- 冷藏二百五十到三百五十 C.C 的 San Pellegrino 或其他富含高 pH 值的氣泡水
- 一到兩大匙巴薩米醋

作法 | 1 分鐘

把氣泡水和巴薩米醋放入玻璃杯中混合、攪拌，然後享用吧！

適用期為第二到三階段

起床卡布奇諾

飲料

材料 | 1 人份

- 一杯熱咖啡、一大匙 MCT 油
- 一大匙法國或義大利奶油、山羊奶奶油或印度酥油
- 一包甜菊糖（視需要）

作法 | 1 分鐘

把所有材料放入攪拌機中攪拌約三十秒，倒入杯中享用。

適用期為第二到三階段

迷迭香
西洋芹菜湯

配主
菜菜

這道湯含有西洋芹的根和莖，味道比外表還怡人。烹煮之前，先去掉西洋芹的硬皮。

材料 | 4 人份

- 三大匙特級初榨橄欖油，或酪梨油、紫蘇油
- 一個西洋芹菜根、去皮，切成兩公分大小
- 二根帶葉子的西洋芹莖切成兩公分大小
- 四分之一杯洋蔥絲，或半杯切碎紅洋蔥
- 一大匙切碎的新鮮迷迭香葉，或一小匙乾燥迷迭香
- 四分之一小匙含碘海鹽
- 半小匙研磨黑胡椒粒
- 三杯有機蔬菜高湯
- 半顆檸檬
- 三大匙切碎巴西利

作法 | 60 分鐘

1 在鑄鐵鍋中加入三大匙橄欖油，中火加熱。再加入切碎的西洋芹菜根、西洋芹、洋蔥、迷迭香、鹽和胡椒，煮到芹菜根和芹菜開始變軟、變黃為止。

2 加入蔬菜高湯和檸檬，煮滾，轉小火，加蓋，悶約三十分鐘。偶爾攪拌一下，檢查芹菜根是否夠軟。軟了之後，關火，拿掉檸檬。

3 把一半的混合物倒入高速攪拌機攪拌成泥，直到濃郁滑順為止。其餘一半也比照辦理。全部攪拌成泥狀後，再倒回鑄鐵鍋中，煮約五分鐘。

4 把湯倒入碗中，放在巴西利當擺飾。可視個人喜好，每碗再淋上一大匙橄欖油。

適用期為第二到三階段

高粱沙拉佐紫葉菊苣

配菜　主菜

很多人不知道高粱是一種抗性澱粉。它跟小米一樣，不含凝集素。更棒的是，它富含多酚和抗癌物質。可跟紫葉菊苣和堅果一起食用，非常有益腸道的健康！此處可用紫蘇油、夏威夷果仁油或酪梨油來取代橄欖油。

材料｜4 人份

高粱

- 一杯高粱
- 三杯蔬菜高湯或水
- 一大匙特級初榨橄欖油
- 一小匙含碘海鹽

醬汁

- 三大匙巴薩米醋
- 四大匙特級初榨橄欖油
- 三大匙西班牙小酸豆
- 一小匙香菜粉或香菜子
- 一瓣去皮大蒜

沙拉

- 半杯切碎核桃或胡桃
- 一顆紫葉菊苣、撕成入口大小
- 半杯切碎的荷蘭芹

作法｜高粱 2 小時、沙拉 15 分鐘

1 挑選高粱，沖水、去除壞掉的高粱。在湯鍋中加入高湯和油，加熱到水滾，一邊攪拌一邊加入高粱，轉小火悶煮約一到兩小時，每十五分鐘攪拌一次，視需要加高湯，以免黏鍋。用湯匙攪拌，如果高粱變鬆軟，表示煮熟了。

2 把醋、橄欖油、西班牙酸豆、香菜和大蒜一起加入食物攪拌機中攪拌，直到滑順為止。

3 把煮熟的高粱、堅果、紫葉菊苣和荷蘭芹放在一個大碗中、加入醬汁攪拌混合。擺盤食用。

適用期為第二到三階段

百里香生鮮菇菇湯

配菜 主菜

這道湯很容易準備，而且迅速可食，只要再搭配一份沙拉，就是完整的一餐。松露油可以替換成別的油。

材料 2 人份

- 兩大把帶有蒂頭的菇類，大約是兩杯半
- 一杯水
- 半杯生胡桃，或四分之一杯杏仁奶油、四分之一杯大麻子
- 三大匙切碎紅洋蔥
- 半小匙含碘海鹽或喜馬拉雅岩鹽
- 四分之一小匙現磨黑胡椒粉
- 兩把新鮮百里香葉，或半小匙乾燥百里香
- 一大匙松露油

作法 20 分鐘

1 切碎半杯的菇類，放置一旁。把另外兩杯菇類，與水、核桃、洋蔥、岩鹽、胡椒和百里香放入高速攪拌機中攪拌。暫停三十秒，接著再攪拌兩分鐘。

2 檢查裡面的食物溫度，應該是溫的，而不是熱的。可依個人喜好，高速攪拌一分鐘或更長，直到溫度更高為止。

3 把濃稠的湯倒入兩個碗中，加上切碎的菇類，並視個人喜好淋上松露油，然後食用。

適用期為第二到三階段

堅果爆漿鮮菇堡

配主菜菜

材料｜4 人份

- 兩杯核桃
- 兩杯切碎的蘑菇
- 一杯切碎的紅色甜菜根
- 兩瓣去皮大蒜
- 半杯切碎的紅洋蔥
- 一小匙匈牙利紅辣椒粉
- 一大匙乾燥巴西利
- 含碘海鹽
- 現磨黑胡椒
- 半杯細切的新鮮羅勒或鼠尾草
- 兩大匙木薯粉
- 三大匙特級初榨橄欖油或酪梨油
- 八片蘿蔓生菜葉或奶油萵苣葉
- 酪梨美乃滋（視需要）
- 一顆Hass酪梨、去皮、去子、切片

作法｜35 分鐘

1 把核桃、蘑菇、甜菜根、大蒜、四分之一杯洋蔥、匈牙利紅辣椒、乾燥荷蘭芹、一小匙鹽和黑胡椒，放入食物處理機中攪碎，但不要過細。

2 把所有混合物倒入大碗中，一邊攪拌一邊加入羅勒、剩下的四分之一杯洋蔥和木薯粉。手抹上橄欖油，充分攪拌混合所有材料。

3 把蠟紙分成四份，每份直徑十公分、寬二公分。用馬克杯幫麵糊塑型。

4 用中大火熱鍋，倒入三大匙橄欖油或酪梨油，加入麵糊，煎到兩面稍微金黃為止。

5 食用時，用一片萵苣葉當底，放上一片煎好的「漢堡肉」，依個人喜好，加入酪梨美乃滋、鹽和胡椒調味，放上酪梨切片，最後加上一片萵苣葉。

素

肉食版本：在麵糊中加入半磅草飼牛肉或放養非穀飼雞。

適用期為第二到三階段

菠菜披薩佐白花椰菜薄脆餅

配主菜菜

這個美味的披薩是用切成碎米狀的白花椰菜做成薄脆餅皮。可以用食物處理機來切碎白花椰菜，但不要太碎。依個人喜好添加無凝集素的蔬菜，但不要過量，以免影響口感。

材料 2 人份

薄脆餅皮

- 特級初榨橄欖油
- 一顆白花椰菜
- 一顆非穀飼雞雞蛋
- 半杯磨碎的莫札瑞拉起士
- 半小匙含碘海鹽
- 半小匙現磨黑胡椒
- 半小匙乾奧瑞岡草

餡料

- 四分之三杯磨碎的莫札瑞拉起士
- 半杯煮熟瀝乾的菠菜
- 四分之一杯磨碎的佩克里特羅曼諾羊奶起士
- 一點含碘海鹽

素

全素版本：用素蛋取代雞蛋、素起士取代起士。

作法 65 分鐘

1 白花椰菜切成碎米，大約三杯左右。放入盤子中，高溫微波煮熟。攪拌一下，放置一旁冷卻。

2 烤箱加熱到攝氏二百五十度，用橄欖油均勻抹一個十吋大的烤盤。

3 把冷卻的白花椰菜米放在廚房紙巾上，吸乾水分，放入大碗中，加入蛋、莫扎瑞拉起士、鹽、胡椒和奧瑞岡葉，充分混合。均勻鋪平在烤盤中。

4 白花椰菜餅皮先在瓦斯爐上烤幾分鐘，再換到烤箱中烤金黃色。冷卻後，加上餡料。在披薩皮上均勻灑上莫扎瑞拉起士和菠菜。加上任何喜歡的蔬菜。灑上佩克里諾羅曼諾羊奶起士和一小撮鹽。再烤約十分鐘，直到起士融化為止。

適用期為第二到三階段

烤波特貝拉菇青醬迷你披薩

配主菜菜

請保留波特貝拉蘑菇的蒂頭，可以當作生鮮菇菇湯的材料。

材料 2 人份

羅勒青醬

- 一杯新鮮羅勒葉
- 四分之一杯特級初榨橄欖油
- 四分之一杯松子或胡桃
- 兩塊兩公分厚的帕馬森乾酪

迷你披薩

- 兩個大波特貝拉蘑菇、去蒂頭
- 特級初榨椰子油或橄欖油
- 兩片義大利生火腿
- 一球水牛莫札瑞拉起士，切成一到一點五公分厚
- 調味用含碘海鹽
- 調味用現磨黑胡椒

作法 50 分鐘、青醬 25 分鐘

1 用迷你食物處理機把羅勒、橄欖油、松子和起士充分攪拌成青醬。

2 烤盤放在瓦斯爐上，開中大火。在蘑菇蓋抹上油，放在烤盤上，蓋朝下，烤約五分鐘，直到蘑菇蓋開始有點金黃色。翻面、菌摺在上，再烤五分鐘。從烤盤中取出蘑菇，不要關火。

3 舀三大匙青醬，放入蘑菇菌摺，放一片生火腿，覆蓋在蘑菇蓋上，再加半球莫札瑞拉起士。另一顆蘑菇比照辦理。烤盤加蓋，烤到起士開始融化為止，約五分鐘。用鹽和胡椒調味。

素

蛋奶素版本：去掉生火腿。
全素版本：用一大匙營養酵母取代帕馬森乾酪。用素起士取代莫札瑞拉起士。

適用期為第二到三階段

烤帕馬森白花椰菜泥

配菜 主菜

這一道菜跟鮭魚或其他魚類非常搭。

材料 4 人份

- 一大白花椰菜去心切好
- 四分之一杯特級初榨橄欖油
- 含碘海鹽
- 現磨黑胡椒
- 兩大匙無鹽法國或義大利奶油、山羊奶油或印度酥油（視需要）
- 一杯細切帕馬森起士

作法 70 分鐘

1 烤箱加熱到攝氏二百度。

2 把白花椰菜放入一個大碗中，加入橄欖油，攪拌到所有白花椰菜都沾到油，用大量海鹽和黑胡椒調味。

3 拿一大張錫箔紙，亮的一面朝上。把錫箔紙對摺，打開。把白花椰菜放在其中一半錫箔紙的中央，把另外一半摺過來，兩邊邊緣封好，成為袋狀。放在餅乾紙上，放入烤箱中間架子上。

4 烤到非常軟而且有點金黃為止，約一小時。從烤箱中拿出，小心打開錫箔紙，不要讓汁溢出，放至冷卻。

5 把白花椰菜和汁液都放入食物處理機中。依個人喜好加入奶油和帕馬森起士。攪拌到濃稠滑順為止。用鹽和胡椒調味。

適用期為第三階段

壓力鍋煮皇帝豆羽衣甘藍和火雞

配主菜菜

壓力鍋烹煮豆類不僅美味且有益腸道健康。全素者和蛋奶素者可在第二階段增減豆類，其他人則須等到第三階段才能吃豆類。

材料 | 4 到 6 人份

- 一把羽衣甘藍
- 一顆中型洋蔥切碎
- 兩瓣大蒜、切碎
- 兩大匙特級初榨橄欖油或酪梨油
- 四杯蔬菜高湯、三杯水
- 四百五十公克洗淨、瀝乾的大顆皇帝豆
- 兩小匙義大利調味料
- 一隻帶骨非穀飼火雞腿肉
- 兩大匙顆粒芥末醬
- 兩小匙鼠尾草粉
- 含碘海鹽、現磨黑胡椒
- 四到六大匙特級初榨橄欖油或松露油

作法 | 55 分鐘

1 處理羽衣甘藍的葉子，把莖和葉子都切成大片，放置一旁。
用一個非鐵弗龍的不沾鍋或中式炒鍋，用中火煎五分鐘。

2 把大蒜和洋蔥放入壓力鍋內鍋中，加入蔬菜高湯和水。再加豆子、義大利調味味料和火雞腿。用高壓煮十四分鐘，讓壓力自然排放之後，取出火雞腿，再一邊攪拌一邊加入羽衣甘藍葉、芥末、鼠尾草一起攪拌，最後加鹽和胡椒調味。

3 火雞肉撕碎放回鍋中。攪拌到充分混合為止，用勺子舀起，放入碗中。食用前加一大匙橄欖油或松露油。

素

蛋奶素版本：用半包解凍的 Quorn 素肉替代火雞肉。
全素版本：用一塊無穀物天貝、切碎來取代火雞肉。

適用期為第二到三階段

大頭菜切片佐脆梨和堅果

配菜 主菜

大頭菜也是十字花科蔬菜家族的一員，許多人不喜歡它的味道。但是，下面這一道會顛覆你對它的看法。

材料 | 4 人份

- 半杯去皮榛果、核桃、夏威夷果仁或開心果
- 兩顆中型大頭菜、去皮、刨絲
- 一顆脆梨、去心、刨絲
- 半小匙檸檬皮細絲
- 一大匙新鮮檸檬汁
- 一大匙白巴薩米醋
- 鹽少許
- 半杯新鮮薄荷葉
- 一大匙特級初榨橄欖油
- 兩盎司佩克里諾羊奶起士或帕馬森起士、刨絲

作法 | 30 分鐘

1 把烤箱加熱到攝氏一百七十五度。

2 堅果放在烘培紙上烤十到十二分鐘，偶爾翻面，直到變成金黃色為止。冷卻，切成粗粒。

3 把大頭菜、梨子、檸檬皮、檸檬汁和醋都放入一個碗中。用鹽調味。加入半杯薄荷葉，拌勻。

4 食用前，把沙拉分成四盤，灑上調好味的堅果、起士和薄荷葉。

適用期為第二到三階段

小米蛋糕

主菜
配菜

小米蛋糕三片再搭配一份沙拉，就可以算為完整的一餐了。

材料 | 4 人份

- 半杯小米
- 兩杯蔬菜高湯或水
- 四分之三小匙含碘海鹽
- 四分之一杯切碎的紅洋蔥
- 四分之一杯切碎的紅蘿蔔
- 四分之一杯切碎的蘿勒
- 一杯切碎的蘑菇
- 一瓣大蒜、切碎
- 半小匙義大利調味料
- 兩大匙特級初榨橄欖油或紫蘇油
- 一顆非穀飼雞雞蛋或 omega-3 雞蛋
- 一大匙椰子粉

素

全素版本：用素蛋取代蛋。

作法 | 55 分鐘

1 把小米放入平底鍋中，開中火，不斷攪拌，直到顏色轉金黃色並且散發香味為止。慢慢加入蔬菜高湯和鹽。火轉小，悶煮約十五分鐘，直到所有水分都被收乾為止。關火，繼續悶約十分鐘，然後把小米挑鬆。

2 把洋蔥、紅蘿蔔、羅勒、蘑菇、大蒜和義大利調味料都放入食物處理機中，攪拌成為細粒。

3 用煎鍋熱油，轉中火加入綜合蔬菜泥，煎到變軟為止。把東西全部倒入大碗中。把小米和蛋、椰子粉倒入大碗中攪拌，使充分混合。

4 手抹油，用手掌把小米蔬菜泥分成十二份壓扁，做成十二塊餅。

5 熱油鍋，放入小米蛋糕，用中火，每面煎金黃色。餐盤鋪紙巾，放上小米蛋糕瀝油後，再食用。

適用期為第二到三階段

烤秋葵脆片

配主菜菜

黏黏的秋葵是最有效的凝集素捕捉器。烤秋葵脆片非常好吃，會讓你一口接一口停不下來，所以你可以多做一些！

材料 | 4 人份

- 一磅新鮮或冷凍秋葵，洗淨擦乾
- 一到兩大匙特級初榨橄欖油
- 兩小匙新鮮百里香，或半小匙乾燥百里香葉
- 半小匙乾燥壓碎的迷迭香粉
- 四分之一小匙大蒜粉
- 四分之一小匙含碘海鹽
- 現磨黑胡椒
- 一點點辣椒粉

作法 | 45 分鐘

1 烤箱加熱到攝氏二百五十度。

2 切掉秋葵的蒂頭，縱切成半，放入大碗中。加入橄欖油、百里香、迷迭香、大蒜粉、鹽和黑胡椒，並依個人口味加入辣椒粉調味，充分攪拌，讓秋葵都沾上調味料。

3 把秋葵放在烤盤中的烘焙紙上，烤十五分鐘，翻面，再烤十五分鐘，直到秋葵有點變金黃色、變軟為止。趁熱享用。

適用期為第二到三階段

素食咖哩佐地瓜麵

配菜 主菜

咖哩是很棒的薑黃素來源，搭配地瓜麵條，就可以成為非常蔬果飲食法的一餐，而且素食者也可以吃。

材料 | 2 人份

咖哩

- 半大匙特級初榨椰子油
- 一大顆紅蘿蔔切絲
- 半杯切碎的洋蔥
- 一小匙切碎的薑
- 一大匙黃咖哩粉
- 三百五十公克不含 BPA 的全脂椰奶或椰子奶油
- 一小撮含碘海鹽

地瓜麵條

- 半小匙椰子油、一小撮鹽
- 一大顆地瓜、去皮、刨絲成三釐米寬的長條
- 四大匙切碎的香菜或巴西利

作法 | 35 分鐘

1 咖哩製作

用中大火加熱椰子油，放入紅蘿蔔，煮約三分鐘，直到開始變軟為止。轉成中火，加入洋蔥和薑，煮到開始變軟變黃為止，約五分鐘。加入黃咖哩粉，煮一分鐘，然後再加入椰奶和鹽，充分攪拌混合。再度轉中大火，煮滾，然後轉中小火，悶十五分鐘，偶爾攪拌一下，直到醬汁開始變濃稠為止。

2 麵條製作

煮醬汁時，在平底煎鍋裡倒入椰子油，中火加熱。加入刨成絲的地瓜麵條，經常攪拌，直到開始變軟為止，約十分鐘。用鹽調味。

把麵條分兩盤，淋上咖哩醬，再灑上香菜，然後享用吧！

適用期為第二到三階段

烤朝鮮薊心

配主
菜菜

菊糖是腸道好菌所喜歡的食物之一；而朝鮮薊就是一個很好的菊糖來源。

材料 | 2 人份

- 四大匙特級初榨橄欖油或紫蘇油
- 半顆檸檬榨汁或兩大匙瓶裝檸檬汁
- 四分之一小匙辣椒粉
- 十顆冷凍朝鮮薊心、解凍，擦乾水分
- 四分之一杯杏仁粉、椰子粉或木薯粉
- 四分之一小匙含碘海鹽
- 四分之一小匙現磨黑胡椒粉

作法 | 45 分鐘

1 烤箱加熱到攝氏二百度。

2 把三大匙橄欖油、檸檬汁、辣椒粉都放入一個大碗中，充分攪拌混合，再放入朝鮮薊心，讓整顆都沾上調味料。

3 烤盤均勻抹上橄欖油，在夾鏈袋裡，放入粉、四分之一小匙鹽和胡椒，用夾子或手把朝鮮薊放入夾鏈袋中，使它均勻裹粉。或把粉、鹽、胡椒和朝鮮薊放入一個玻璃保鮮盒中，蓋緊上下搖晃，使朝鮮薊裹上粉。

4 把朝鮮薊心放在烘培紙上，烤約二十到二十五分鐘，翻面兩到三次，直到朝鮮薊變金黃色、變脆為止。

5 移到盤中，依個人口味灑鹽。

適用期為第二到三階段

膠原蛋白木薯粉鬆餅

配主
菜菜

可以用太白粉取代木薯粉，因為兩者都是從同一個植物根部製作而成，不過木薯粉會讓成品較膨鬆。鬆餅可做三餐食用。

材料｜4 人份、8 片鬆餅

- 四顆非穀飼雞雞蛋或 omega-3 雞蛋
- 四分之一杯海洋膠原蛋白（視需要）
- 半杯木薯粉
- 四分之一杯特級初榨椰子油
- 一大匙在地蜂蜜或麥蘆卡蜂蜜、或三大匙 Just Like Sugar
- 半小匙泡打粉
- 四分之一小匙鹽
- 一包十二盎司冷凍野生藍莓

作法｜20 分鐘

1 鬆餅機預熱。

2 把蛋、海洋膠原蛋白、木薯粉、椰子油、蜂蜜、泡打粉和鹽放入高速攪拌機中或一般攪拌機中，攪拌混合四十五秒，或直到充分攪拌、稍微黏稠為止。

3 把四分之一杯量的材料倒入鬆餅機中，依照機器指示開始烤。定期檢查一下結果，因為很快就會烤好。

4 如果當作第三階段的點心來食用，你可以在鬆餅上灑一點點 Just Like Sugar 和四分之一杯野生藍莓。但是，提醒你，最好遠離甜食！

素

蛋奶素版本：用四份素蛋取代蛋，並且拿掉海洋膠原蛋白。
全素版本：去掉膠原蛋白。

適用期為第二到三階段

醃漬烤
白花椰菜素排

配菜 主菜

這道菜裡面的橄欖油可以用酪梨油、紫蘇油或夏威夷果仁油來取代。

材料 | 4 人份

- 半杯特級初榨橄欖油
- 兩小匙碎洋蔥
- 半小匙大蒜粉
- 兩小匙義大利調味料
- 四分之一小匙辣椒粉
- 現磨黑胡椒
- 一顆現壓檸檬汁
- 兩顆白花椰菜

作法 | 30 分鐘

1 把半杯橄欖油、洋蔥、大蒜粉、義大利調味料和辣椒粉都放入一個中型碗中，加入鹽和黑胡椒調味，最後再加入檸檬汁。充分攪拌，換到一個平底鍋中。

2 把白花椰菜上的葉子切掉。白花椰菜對切，再切成一到二公分厚的花椰菜片，當作是素排。

3 用中大火熱烤盤，用夾子夾起白花椰菜片，放入醬汁中沾醬。接著放在烤盤中，每面烤約五到八分鐘，直到外面變金黃色，裡面變軟為止。取出放在餐盤中，根據個人喜好，添加橄欖油以調味。

適用期為第二到三階段

蒟蒻米布丁

甜點

材料　4 人份

- 兩包蒟蒻米
- 四到五大匙葛粉
- 三杯半罐頭、無糖、全脂椰子奶或椰子奶油
- 一小匙印度酥油或法國奶油或義大利奶油
- 一杯 Just Like Sugar 或半杯 Swerve
- 一大匙純香草精
- 四分之一杯非鹼化可可粉
- 一顆非穀飼雞雞蛋或 omega-3 雞蛋

素

香草米布丁：蒟蒻米布丁的材料中去掉可可粉，再加一小匙肉桂粉和半小匙荳蔻粉。
全素版本：用一小匙椰子油取代奶油。用一份素蛋取代雞蛋。

作法　50 分鐘

1 烤箱加熱到攝氏一百七十度。
把蒟蒻米用水沖洗後，瀝乾。

2 把四大匙葛粉和半杯椰奶或椰子奶油放入一個小碗中，攪拌到融化為止。可視需要再加葛粉。

3 中型平底鍋中放入奶油和三杯椰奶，用中火煮，經常攪拌。當椰奶開始變熱，慢慢地把結塊弄散，再加入 Just Like Sugar、香草精、可可粉、蛋和瀝乾的蒟蒻米。

4 加入一大匙沒有溶解的葛粉到蒟蒻米裡，攪拌到兩者融合。再加一大匙葛粉，充分攪拌到想要的濃稠為止。如果太濃稠，可再加一點椰奶。

5 在一個長寬二十公分的玻璃盤或八吋寬的碗中抹上奶油，倒入米布丁的材料，烤十五到二十分鐘，直到上面變金黃色為止。從烤箱中取出，變溫就可以吃，冰起來吃冷的也可。

適用期為第二到三階段

薄荷巧克力片酪梨冰淇淋

甜點

材料 6 人份

- 一罐四百二十毫升的椰奶或椰子奶油
- 四分之三杯 Just Like Sugar、或半杯 Swerve
- 兩大匙即溶咖啡粉或現磨義式濃縮咖啡粉
- 兩大匙非鹼化無糖可可粉
- 一條純度 85~90% 到的無糖黑巧克力、切碎
- 一大匙純香草精
- 兩顆 Hass 酪梨、去皮去子
- 三大匙切碎的新鮮薄荷葉
- 半杯純度 72% 以上的無糖特黑巧克力碎片，或半杯切碎的百分之百烘焙用巧克力

作法 2 小時又 20 分鐘

1 把椰奶、甜味劑、咖啡粉和可可粉都放入一個中型煎鍋中。用中火，攪拌所有材料，直到甜味劑融化，並且所有材料充分混合為止。
關火，加入切碎的巧克力並攪拌直到融化為止。

2 把巧克力混合物放入食物處理機。加入香草精、酪梨和薄荷，攪拌直到滑順為止。倒入一個碗中，蓋上，冷藏兩小時，直到冷卻為止。

3 把巧克力片切碎，然後倒入冰淇淋機中，攪拌直到變濃稠定型為止。此時冰淇淋的口感較柔軟。

4 馬上食用。或者冰起來，口感就會變硬。可以把成品換到金屬或玻璃容器中，蓋上蠟紙，以保存風味。

素

全素版本：用一份素蛋取代雞蛋。
註：如果沒有冰淇淋機，則可以把冰淇淋混合物放入金屬或玻璃或陶瓷容器中，放入冷凍庫。每半小時攪拌一次，以碎解結冰的地方，繼續攪拌，直到達到想要的濃稠度為止。

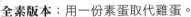

適用期為第二到三階段

巧克力杏仁奶油蛋糕

甜點

材料｜1 人份

- 兩大匙非鹼化的無糖可可粉
- 兩大匙 Just Like Sugar、Serve 或木糖醇
- 四分之一小匙的無鋁烘培粉
- 一大顆非穀飼雞雞蛋或 omega-3 雞蛋
- 一大匙鮮奶油
- 半小匙純香草精
- 一小匙加鹽法國奶油或義大利奶油、山羊奶油或印度酥油
- 一大匙有機柔滑或顆粒杏仁奶油

作法｜11 分鐘

1 把可可粉、甜味劑和烘焙粉放入一個小碗中混合，用叉子攪拌，直到烘焙粉所有結塊都弄散為止。

2 在另一個小碗中放入蛋、鮮奶油和香草精，攪拌，使充分混合。

3 把所有濕料倒入乾料中，混合，直到所有材料都充分混合。

4 在一個直徑四英吋半的烤盅的底部和邊緣抹上奶油，倒入麵糊。

5 放入微波爐中，轉高溫，一分二十秒之後取出。用微波爐軟化杏仁奶油，擠在蛋糕上面，然後享用。

素

全素版本：用一大匙椰奶或椰子奶油取代鮮奶油。用一小匙椰子油取代奶油。用一份素蛋取代雞蛋。

國家圖書館出版品預行編目 (CIP) 資料

植物的逆襲／史提芬・岡德里 (Steven R. Gundry) 著；洪瑞璘翻譯. -- 初版. -- 新北市：文經社，2018.07
面； 公分. -- (Health ; 14)
譯自：The plant paradox : the hidden dangers in "healthy" foods that cause disease and weight gain

ISBN 978-957-663-766-7 (平裝)
1. 植物 2. 凝集素 3. 營養

373.8 107006425

文經社

Health 0014

植物的逆襲

作　　者｜史提芬・岡德里
翻　　譯｜洪瑞璘
責任編輯｜謝昭儀
協力編輯｜李艾澄
封面設計｜詹詠蓁
美術設計｜劉玲珠

主　　編｜謝昭儀
副 主 編｜連欣華
行銷統籌｜林琬萍

出 版 社｜文經出版社有限公司
地　　址｜241 新北市三重區光復一段 61 巷 27 號 8 樓之 3（鴻運大樓）
電　　話｜（02）2278-3158、（02）2278-3338
傳　　真｜（02）2278-3168
E - mail｜cosmax27@ms76.hinet.net

印　　刷｜韋懋實業有限公司
法律顧問｜鄭玉燦律師
電　　話｜（02）291-55229

發 行 日｜2018 年 7 月　一版一刷
　　　　　2023 年 5 月　一版九刷
定　　價｜新台幣 420 元